物联网沙场“狙击枪”

——低功耗广域网络产业市场解读

赵小飞 著

電子工業出版社
Publishing House of Electronics Industry
北京 · BEIJING

内 容 简 介

随着物联网行业的迅猛发展，人们对物与物连接的需求不断提高，需要低功耗、长距离、低成本、大容量连接方式的终端种类越来越多，传统物联网通信方式已无法满足这一类型终端的需求。物联网通信层的短板已成为阻碍物联网发展的重要因素，因此，低功耗广域网络（LPWAN）应运而生。

从2015年至今，低功耗广域网络从默默无闻发展成为物联网最热门的领域之一。目前产业界的大部分企业都和低功耗广域网络有着直接或间接的关系。本书从市场的角度诠释了低功耗广域网络近年来发展的历程，并从产业经济的视角分析了低功耗广域网络不同主流技术在商用中的各种状况，包括各种技术的演进状况、商用发展历程、生态竞争格局、主要供给方和需求方所发挥的作用。

本书并未涉及技术性的内容，更多的是产业、市场方面的内容，可供从业者、投资人或对物联网感兴趣的人员参考。

图书在版编目（CIP）数据

物联网沙场“狙击枪”：低功耗广域网络产业市场解读/赵小飞著. —北京：电子工业出版社，2018.1

ISBN 978-7-121-33493-1

Ⅰ. ①物… Ⅱ. ①赵… Ⅲ. ①远程网络－产业市场－研究 Ⅳ. ①TP393.2

中国版本图书馆CIP数据核字（2018）第009448号

策划编辑：李　洁
责任编辑：李　洁　　文字编辑：张　京
印　　刷：三河市双峰印刷装订有限公司
装　　订：三河市双峰印刷装订有限公司
出版发行：电子工业出版社
　　　　　北京市海淀区万寿路173信箱　邮编 100036
开　　本：720×1 000　1/16　印张：15.25　字数：219千字
版　　次：2018年1月第1版
印　　次：2018年1月第1次印刷
定　　价：58.00元

凡所购买电子工业出版社图书有缺损问题，请向购买书店调换。若书店售缺，请与本社发行部联系，联系及邮购电话：（010）88254888，88258888。

质量投诉请发邮件至zlts@phei.com.cn，盗版侵权举报请发邮件至dbqq@phei.com.cn。

本书咨询联系方式：lijie@phei.com.cn。

“万物+”的新时代

祝贺物联网智库赵小飞的新作出版。

最近，我一直在讲“万物+”的概念，它来自我很长一段时间的观察和思考。

回顾通信业的变革，我们会发现，重要的商业模式转变，新的现象级企业的诞生，与通信协议的变化有着深刻的关系。在贝尔发明电话后，通信一直是基于“X.25”协议的；到了 1992 年，美国提出建设信息高速公路，IP 协议成为通信业最重要的标准，中国也建立了世界上最大的 IP 网络——ChinaNet，互联网开始蓬勃发展；2001 年，全球电信运营商提出了 CDMA 和 GSM 两个移动通信协议，激发了无所不在的移动通信能力。而现在，我们又站在了一个新的伟大时代的关口，窄带物联网协议（NB-IoT）的诞生，将使万物互联变为可能。

NB-IoT 标准是 5G 演进的组成部分，它可以解决过去我们在 IP 时代、移动互联时代通信传输所遇到的时延问题、能耗问题、安全问题等，它可以将海量的“物”接入网络。这场新的通信行业底层技术的变革，预示着一个新的伟大时代——“万物+”时代的到来。

“万物+”时代意味着对所有联网的物体，我们都能感知它的状态，产生海量的感知数据；意味着这些感知数据能够实时地被网络所传递；意味着这些数据通过云计算、人工智能能够被干预，被赋予智能。形象地说，“万物+”为我们的世界构建了一套神经网络系统。

之所以“万物+”时代能够在今天诞生，这是云计算、人工智能、大数据、传感器，以及窄带物联网等多种技术融合的结果。万物能够互联，相联之后被赋能，而赋能的结果就是人与人、人与物、物与物之间能够有效地协同，在这个过程中又会出现商业模式和技术的创新。

在“万物+”时代，企业最核心的能力，应该是如何通过万物互联进行客户运营。如何运营？就是要保持实时在线和连接，实时知道客户所处的场景，并在关键时刻提供关键服务。比如说，这个鞋子客户穿没穿，使用的效率怎么样，通过不断感知鞋子的状态，了解客户所处的场景和需求，并在关键的时刻提供关键的服务。我们正从一种物质充分消费的时代，变成要为感受付费的时代。而所有的感受付费，都和客户所处的场景有关。“万物+”时代，业务模式要从卖产品、卖服务转换到运营上来，即所谓的“万物皆运营”。这种运营的核心，就在于为客户在关键的时刻提供各种各样关键的服务。

在“万物+”时代，我们今天所有的技术架构都将会变得无效。在海量设备实时连接的场景下，新一代的芯片、操作系统、数据库、软件，等等，都需要新的架构和设计。“万物+”时代，为中国提供了在 ICT 领域进行颠覆性创新的最好机遇。我们有全球数量最大的设备连接需求，全球 ICT 产业链基本上都在中国，中国又有政策支持上的优势。在互联网的冲击下，全球电信运营商都在减少投资，但中国的电信运营商在政府的支持与引导下，正在规划建设世界上规模最大的窄带物联网，这将意味着中国绝大部分的国土都能被高覆盖、低功耗、高穿透的新型网络所覆盖，而网络计费也会更加低廉。

我们处在这样一个激动人心的时代，技术创新正在不断达到它的最高点，云计算、大数据、人工智能、物联网等技术正在打造一个人类曾经设想而今天正在不断实践的，万物都有传感器、万物都能被连接、万物都能被赋能、万物都能协同创造的新时代！

有人预测，到 2020 年，全世界将有 500 亿设备通过窄带物联网被连接起来。这个数字很惊人，但我以为，未来远比我们的预测和想象更精彩！

欢迎“万物+”新时代的到来！

宽带资本董事长

田溯宁

前 言

PREFACE

2016—2017 年物联网产业中最热门的话题莫过于低功耗广域网络（LPWAN），尤其是 2016 年 6 月 NB-IoT 核心协议冻结后掀起的新一轮物联网产业热。物联网产业链中的各类企业纷纷开始对 NB-IoT 给予高度关注并制订了相关产品开发计划，资本圈更是密集挖掘物联网概念股和优质的物联网项目。一时间，只要是以 NB-IoT 为主题的各类技术、产业或投资的论坛，一定是人气爆满。

NB-IoT 带动的不仅是自身产业生态阵营的快速发展，也让 LoRa、Sigfox、RPMA 等其他低功耗广域网络技术获得了绝佳的市场机会。尤其是 LoRa 以及以此为基础制定的 LoRaWAN 规范。在过去一年多的时间里，国内外从业者对 LoRa 并不陌生，而且有大量基于 LoRa 的物联网应用项目已经落地。

2009 年起，物联网经历过几轮起伏，包括对 RFID 等传感层技术的炒作、对智能硬件的追捧，但是整个技术的成熟度、需求环境、成本收益还不足以支撑大规模物联网的落地，尤其是在连接部分存在短板，即大量需要低成本、低功耗、长距离连接的终端没有有效的技术支持。而低功耗广域网络技术的成熟，让这一短板得到了补充，而且不少行业的应用需求也渐趋明显，产业链中的各类企业经过数年的残酷竞争也变得非常务实了。由低功耗广域网络带来的这一轮物联网热潮比前几次更接地气，各企业更加关注采用低功耗广域网络能够带来哪些落地应用和商业模式。

从 2015 年起，笔者就开始对低功耗广域网络产业的发展进行持续跟踪观察，在物联网智库公众号、行业期刊等平台上发布了近百篇市场分析文章，及时介绍各类技术的最新进展和观点，对各阵营的产业结构、市场行为、产业绩效、生态布局、竞争格局等进行了分析。为了系统地回顾该领域的产业和市场发展状况，从 2017 年 7 月开始，笔者对此前撰写的文章进行整理、归纳、总结，形成本书。关注该领域，一方面是因为本人就职于物联网智库，这是一个聚焦物联网垂直领域的新媒体、产业研究公司，需要对物联网前沿、热门领域进行密切跟踪；另一方面，也是因为笔者从参与通信行业工作开始就接触物联网，所以对于物联网通信方面更为关注。

进入物联网这个领域，源于笔者 2011 年 3 月开始在中国信息通信研究院（原工业和信息化部电信研究院）工作。当时所在部门的主要业务是给通信企业提供管理咨询服务，包括战略、市场、业务和运营等方面的业务。入职后参与的第一个项目是“新疆移动 M2M 与物联网发展领域研究”，这是我首次接触物联网，也是对这个产业学习的开始。整个项目周期为 3 个月，我和项目组同事在新疆移动公司驻点两个月以上，每天和新疆移动集团客户部 M2M 负责人一起工作，梳理新疆移动发布的物联网产品、各地市公司物联网市场状况、行业客户营销行为，并协助新疆移动编撰了运营商物联网应用案例集，修订了《行业经理物联网业务规范手册》。

在中国信息通信研究院此后的工作中，我参与的项目不少都和物联网相关，包括珠海移动、中国电信北京研究院、新疆移动的各类市场、运营咨询项目，并开始对运营商物联网产品、业务模式有了系统的了解。当时，运营商对其物联网产品已有通道类、集成类、平台类等分类，孵化出宜居通、千里眼、电梯卫士、大棚管家、无线 POS 等多样化的产品，确实解决了不少用户的痛点。不过，这些产品更多是借助了运营商逐渐闲置的 GSM 网络资源提供的通道型业务，而且行业需求非常分散、规模很小，加上当时 3G 正处于扩张期，因此物联网无法在运营商整体战略中占据一席之地。

令我印象最深的一个物联网应用是新疆生产建设兵团农场实施的远程滴灌。这个项目推出的背景是：一方面兵团某师有数十万亩大田需要有效灌溉，另一方面是新疆缺水干旱的环境，通过物联网解决方案可对滴灌电磁阀开关、灌溉水量、灌溉时间等进行精准化控制。虽然当时主要采用 2G 网络，以短信形式来控制滴灌设备，但确实起到了科学灌溉和节约用水的效果。项目论证时，我们将 2G 网络和微波、ZigBee、WiFi 等方式进行比较，推荐使用 2G 连接方案作为最佳方式（新疆广袤的地域中不一定都有 2G 覆盖）。不过，除了滴灌外，数十万亩大田里还蕴含着大量物联网可以发挥作用的舞台，而当时的技术和方案水平并不能完全满足人们的需求，而且滴灌设备必须有专门的电力供应。曾有人提出未来可能通过一种专门用于物与物连接的网络形式，其成本和功耗比 2G 更低，覆盖距离远远超过 2G，可以非常有效地满足万亩大田的物联网连接需求。这可以算是对低功耗广域网络的一种初步的需求，而且这种需求确实明显地存在。

2014 年 5 月，我加入物联网智库，当时整个产业对智能家居、智能硬件非常狂热，在那种背景下我们也不断地组织行业研讨会和沙龙，撰写文章并帮助企业做市场推广。这些产品形态背后需要的更多是 WiFi、蓝牙、ZigBee 等短距离连接方式，与我此前关注的基于运营商的物联网产品、业务模式差别很大。由于之前的工作经历，我也在不断收集和关注基于广域网络连接的物联网技术和方案，并经常与运营商、通信设备厂商等进行交流。2015 年年初，Sigfox 公布的法国创业公司融资记录的新闻在海外物联网圈子中有一定的影响力，加上 2015 年 2 月在巴塞罗那举行的世界移动通信大会上沃达丰和华为联合展出了基于 C-IoT 的智能抄表应用，低功耗广域网络开始展露头脚。我们也抓住这些新的热点，开始持续跟踪这一领域的进展，在 5 月份我们开始将 LoRa 加入关注范围。本书大部分的内容素材，都源于那时开始每周撰写的市场观察文章，如今整理成书，也算是对之前工作的一个总结。

写书是一个漫长的过程，由于要考虑到各章节之间的连贯性和逻辑性，加上物联网市场的发展日新月异，本书的内容虽然源于此前撰写的文章，但是将这些分散的文章变成一本书需要做大量的细化工作，大部分工作是对原来文章进行大幅修改，有些甚至是重新撰写的。很感谢在写作过程中得到各方朋友的支持，包括中国信息通信研究院、高通、华为、中兴、中移物联、Semtech、中科院计算机网络中心等单位的专家及物联网智库的各位同仁，同时也感谢电子工业出版社李洁编辑的辛苦工作。

本书主要由笔者之前所写文章汇编而成，难免带有主观色彩，由于笔者水平有限，本书内容难免有欠缺之处。对于书中不当之处，敬请读者谅解并给予宝贵意见。

赵小飞

2017 年 10 月 26 日于北京

目 录

CONTENTS

CHAPTER 1

横空出世：从图卢兹小镇上一家创业公司说起

市场经济中一股不可逆转的势力需要经过长时间的积累，不过，它进入人们视野、成为趋势往往是由一些标志性事件开始的。低功耗广域网络开始得到人们的关注就是从法国图卢兹郊区的一家创业公司吸引人们目光开始的。

1.1 明星创业公司——法国 Sigfox 超记录融资光环和业务模式吸引全球目光

1.1.1 超规模融资和重量级投资机构

2015 年年初，当物联网从业者还在聚焦 WiFi、ZigBee、蓝牙等短距离连接技术时，一家名为 Sigfox 的法国创业公司进入人们的视线，这家诞生于法国图卢兹郊区被称为“物联网小镇”Labège 的公司成为年初热门的明星企业。Sigfox 成为关注焦点主要在于其创纪录的融资及其推行的物联网业务模式。

2015 年 2 月初，法国创业公司 Sigfox 宣布从 7 家重量级投资机构获得融资 1 亿欧元（约 1.15 亿美元），这笔融资打破了此前由法国拼车服务公司 BlaBlaCar 的 1 亿美元融资规模的纪录，成为法国历史上最大的一笔 VC 投资。物联网创业公司获得如此大规模的融资并不多见，因此该消息一经曝光，即刻成为行业热点，吸引了大量的目光。

除了 1 亿欧元的融资外，本次对 Sigfox 投资的几家投资机构也引起了人们的注意，这其中包括大名鼎鼎的西班牙 Telefonica、日本 NTT Docomo、韩国 SK 电信三家国际主流电信运营商，同时还有法国天然气苏伊士集团、法国液化空气集团等能源公司及数家知名基金公司。

实际上，到目前为止，Sigfox 已完成了 5 轮融资，累计融资规模超过 3 亿美元，每次都能看到知名的科技、互联网、电信类公司作为战略投资者的身影，如表 1.1 所示。

表 1.1　Sigfox 融资历史（来源：IT 桔子）

时　间	阶　段	金　额	投资机构
2016.11.21	E 轮	1.6 亿美元	Salesforce Bpifrance Intel Capital 英特尔投资 Elliott Management Air Liquide 法国液化空气 IDInvest Partners IXO
2015.02.11	D 轮	1 亿欧元	Bpifrance Elliott Management Eutelsat 欧洲卫星通信 Air Liquide 法国液化空气 GDF SUEZ 法国燃气苏伊士 NTT Docomo Ventures SK 电讯创投 西班牙电信
2014.03.27	C 轮	1500 万欧元	Elaia Partners Partech Ventures Intel Capital 英特尔投资 IDInvest Partners Ambition Numérique @ Bpifrance Telefonica Ventures
2012.09.20	B 轮	1500 万欧元	IDInvest Partners Elaia Partners Intel Capital 英特尔投资 Partech Ventures Bpifrance
2011.06.27	A 轮	200 万欧元	投资方未透露

1.1.2 全球物联网网络运营商的野心

这些战略投资机构对 Sigfox 投入巨资，正是看中了 Sigfox 在物联网领域正在践行的新的业务模式。从一开始，SigFox 就野心勃勃地计划建立一张与现今蜂窝网络并驾齐驱的、专用于物联网的全球网络。

2009 年，Sigfox 由 Ludovic LeMoan 和 Christophe Fourtet 创立，现两人分别任 CEO 和 CSO。Sigfox 成立之初就专注于 M2M/IoT 通信，定位于提供低速率、低功耗、低价格、基于 Sub 1GHz 的无线网络通信服务。此前，Sigfox 的业务开发负责人 Thomas Nicholls 认为，在电力短缺和频谱昂贵的今天，用传统的 3G/4G 无线网络承载大量的物联网设备毫无意义，更好的办法是将这些设备连接到一个针对各自的应用场景进行优化的网络上，即一个可以支持数十亿个设备以不同的时间间隔发送相对较少数据的网络。

因此，Sigfox 致力于在各国部署覆盖全国的一个运营商级广域网络，而这张网络与传统 GSM/LTE 蜂窝网络不同，它专为低数据量的物联网应用提供远距离的连接解决方案。因为传统 GSM/LTE 蜂窝系统主要应用于语音和高数据速率上，无线接口复杂并且增加了成本和电源功耗，并不适合低数据速率连接，而 Sigfox 网络则提供了合适的连接方案。大量设备仅需低频传输少量数据，但对终端功耗要求极高，Sigfox 使用了超窄带调制技术，其数据传输带宽仅为 100bps，不过它在理论上仅靠少量网络传送器即可支持数百万设备，一个基站的覆盖范围即可相当于传统蜂窝网络的 50～100 个站点的覆盖，而其终端发射功率超低，仅靠内部电池即可维持连接，时间可长达 10 年以上，满足了这些设备的需求。

Sigfox 在各国建设全国覆盖的物联网，让相应的物联网终端可以实现即插即用。在 2015 年年初宣布 1 亿欧元融资时，Sigfox 的网络已覆盖法国、西班牙、荷兰和英国的 10 个大城市，已连接了几百万套设备，其经营模式是向每个连接设备每年收取 1 欧元费用，大大降低了物联网设备的连接成本。

对于获取的巨额投资，Sigfox 将用于部署覆盖全球、专用于物联网的网络。一家创业企业致力于成为全球网络运营商的野心，在一定程度上给传统电信运营商带来了压力，无怪乎 Telefonica、NTT Docomo、SK 电信等主流运营商如此热衷于 Sigfox 的融资。截至本书成稿前，Sigfox 已经在全球 32 个国家部署网络，不少网络是和当地合作伙伴合作部署的。仅仅几年时间，Sigfox 已经成长为名副其实的全球运营商，成为物联网领域全球知名创业公司。

1.2　Sigfox 的启示——物联网需要专用的网络为人们所认可

Sigfox 就像通信领域的一条很有影响力的“鲶鱼”，打破了广域网络只能由电信运营商提供的惯例，促进了运营商对低功耗广域网络的重视，让物联网时代广域网络参与主体多样化。

笔者所在单位——物联网智库于 2016 年推出了一份《物联网产业全景图谱报告》，详细归纳了物联网产业生态的主要参与者（见图 1.1）。其中，数据传输通信层起到了承上启下的作用：一方面，底层核心元器件将设备、环境的数据采集起来；另一方面，横向能力平台会对这些数据进行处理、分析、挖掘，形成新的知识。而这两层衔接起来，需要通信层这一管道来实现数据的上传和下达。数据传输通信层可以通过有线和无线形式实现，由于有线传输成本太高，无线传输占据比例越来越大，而无线方式中，长距离传输的除了现有的蜂窝宽带网络之外，窄带广域网络也必不可少，这也正是 Sigfox 努力实现的目标。

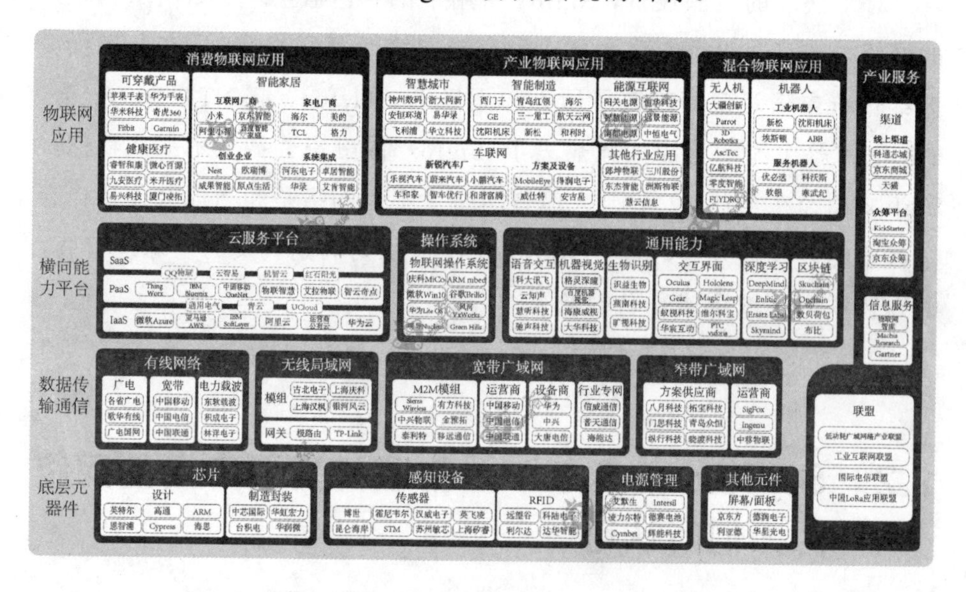

图 1.1 物联网产业生态图谱（来源：物联网智库）

在 2015 年前后，有人曾经针对“物联网需要一个专门的网络吗？”这一问题进行探讨。在此之前，物联网发展已有十多年的历史（只是此前并没有称作物联网），而所有“物”的连接更多地采用之前人与人连接的技术，尤其是广泛分布、需要长距离网络的连接，更多地还是和人们的手机通信使用同一个网络。

1.2.1 虚拟运营商专家的建议

美国知名的虚拟运营商 DataXoom 的联合创始人 Robert Chamberlin 撰文称物联网需要一个全新的专用网络，并从不同角度分析原因。DataXoom 于 2012 年创立，作为美国 AT&T、Verizon、Sprint 三家主流运营商的转售商，一直为用户提供各类宽带、移动热点及 3G、4G 网络服务，因此对传统蜂窝网络、宽带、WiFi 热点等网络基础设施有很深的理解，在面对物联网快速发展的时间里，Robert Chamberlin 发现了传统网络在服务物联网业务中的弊端。目前 DataXoom 的主要业务是 2G/3G/4G 各类蜂窝网络产品，并为用户提供管理其网络和设备的一个平台，未来不排除 DataXoom 会提供专用于物联网的网络服务。

在 Robert Chamberlin 看来，物联网上大多数设备对带宽的要求并不高，不少设备之间往往只是共享几字节的简单数据。例如，一个监测桥梁震动的传感器每次只需发送很少的数据给后台，而且频率并不高，无须实时在线，类似的监测类传感器大量存在。Robert 认为，事实上目前物联网仅占用着约 1%的网络带宽。然而，在 2015 年之前，物联网设备的主要服务网络是和手机公用一个 3G 和 4G 网络，这类蜂窝网络是为大流量数据连接而设计的，如流畅的视频服务、高效的社交媒体和 O2O。如果物联网设备坚持采用这些蜂窝网络连接，则产生了一系列问题，最为典型的就是成本收益问题。

由于未来小数据量的传感设备会大量连接入网，对电信运营商的网络容量提出了很高的要求，而运营商需要考虑投资回报，以继续建立和维护移动网络和支撑物联网的发展。目前，连接到运营商网络中的大多数物联网设备的 ARPU 值（Average Revenue Per User，每用户平均收入）不足一台普通智能手机所产生收益的 10%（在后文中会有详细介绍）。这样来看，物联网设备需要广域网络时，离不开电信运营商，但物联网的经济性是当今运营商所面临的一项挑战，而在未来十年内，随着连接设备数量呈指数增长，这个问题只会变得更加严重。

1.2.2 众说纷纭

Robert 的观点引来了不少支持和反对的声音。网易科技曾援引国外媒体对一些机构的观点，这其中包括谷歌和蓝牙技术联盟的两位专家。

谷歌开发者合作伙伴宣传主管 Don Dodge 就是这一观点的支持者，他认为，我们需要一个新的、廉价的物联网专用网络，尽管用短距离无线网络（如 WiFi 等方式）连接各个设备的费用相当低，这样做还是不实际的，因为 WiFi 仅限于在家庭或办公环境中使用，离开 WiFi 网络的覆盖范围时，用户只能被迫使用流量数据来连接宽带网络，这是完全不划算的，尤其想到在可预见的未来，物联网设备数量之庞大，会给用户带来高昂的成本。在 Don Dodge 发表观点时，华为、高通、爱立信等全球电信和无线设备领导者已经在研发一套远距离、低功耗无线网络新标准，专为物联网设备低成本接入研发，这就是不久之后声名大噪的 NB-IoT/eMTC 标准。

非营利性组织 Weightless SIG 的执行长 William Webb 也表示，未来需要有专门为物联网提供网络服务的运营商，它们好像是物联网中的沃达丰，自己不运营应用，只提供网络。

当然也有不同的声音，认为无须专门的网络，充分利用现有网络就可以解决物联网连接的问题，典型的代表是蓝牙技术联盟的首席营销官 Suke Jawanda。他认为，面对物联网的连接需求，与其引进新的专用网络，不如强化目前在运行的网络。在 Suke Jawanda 看来，建立一个单独的物联网是不必要的，事实上，还会适得其反，因为一个单独的网络很可能阻止物联网成为现实，因为新的网络协议可能意味着设备之间不再能交换信息。因此，Suke Jawanda 强烈建议：在充分改进的前提下，现有的三大网络——蜂窝广域网、本地无线网络和蓝牙智能个人网络足以应付物联网连接需求。

不过，Suke Jawanda 的担心似乎无关紧要，从目前发展情况来看，新的物联网标准彼此间努力实现打通，并未阻碍设备间的互联互通。而 Sigfox 从成立到 2015 年短短几年间的快速发展，让物联网需要专门的网络这一理念为人们所认可。

1.3　补齐网络短板——物联网终端对功耗和距离的需求

Sigfox 的发展历程让“物联网需要自己专用的网络”这一观念深入

人心并开始成为现实，这个专用的网络就是目前物联网产业中最为热门的低功耗广域网络（Low Power Wide Area Network，LPWAN）。实际上，LPWAN 的出现不仅使物联网有了专门的网络，它在很大程度上也补齐了物联网通信层的短板。

重大技术产业化的进程依赖于整个产业链的共同发展，正如木桶效应一样，一只水桶能装多少水取决于它最短的那块木板。物联网产业发展也是如此，其中某一重要环节的缺失往往会成为产业成熟的瓶颈。从人们熟悉的物联网服务“云—管—端”三层架构来看，近年来层出不穷的智能互联终端和各种云服务平台让“云”和“端”的产业化落地步伐加速，在“管”这一领域，3G/4G 蜂窝网络快速部署和 5G 的研发在一定程度上推进了网络层的落地，然而最终补齐物联网网络层短板的将是低功耗广域网络（LPWAN），尤其是以基站搭建的广泛覆盖网络的落地。

1.3.1 物联网网络层仍有重大短板

正如前面所述，所有设备所需的无线网络连接方式有广域连接方式和局域连接方式两种。局域连接方式主要为 WiFi、蓝牙、ZigBee 等，这也是智能家居、穿戴设备、智能硬件等终端采用的流行网络技术；在广域连接方面，更多的是借助电信运营商提供的蜂窝网络连接，GPRS、3G、4G 等方式为布局在不同地域的物联网终端提供互联互通的可能，交通、物流、工业、能源等各行业终端广泛采用蜂窝网络实现互联。

广域和局域网络均有成熟的方案，似乎对于物联网产业发展来说，通信层已经做好了准备，然而实际上仍有大量设备的需求是现有网络技术无法满足的，举例来说：水、电、燃气等计量表，市政管网、路灯、垃圾站点等公用行业，大面积的畜牧养殖和农业灌溉，环境恶劣的气象、水文、山体数据采集，矿井和偏僻的户外作业等，这些类型的终端联网若采用现有运营商蜂窝网络，则会遇到以下问题。

- 信号覆盖：大部分设备布局在人口稀少、环境复杂的区域，存在运营商网络覆盖或信号强度不足的问题，无法保障数据稳定传输。
- 功耗问题：很多设备没有持续电力供应的条件，主要通过电池供电，若采用运营商网络则需要频繁更换电池，而在更多的恶劣环境下并不具备这一条件。
- 经济性问题：此类设备仅需传输极少量的数据，且传输频次不高，而当前运营商网络是为高带宽而设计的，采用这一网络不仅占有网络、码号资源，也会产生不少包月流量费用。

类似的设备数量不可忽视，而且对生产和生活影响巨大，因此形成了物联网产业化的一个重大短板。

1.3.2　在矩阵中发现短板

在低功耗广域网络出现之前，如果我们将物联网设备所需要的连接技术按照功耗和距离建立一个二维矩阵，将物联网常用的连接技术放在矩阵相应的位置，则会更直观地发现物联网通信层的这一短板。

如图 1.2 所示，蓝牙 4.0 具有极低的功耗，但它的有效距离最大只有 100 米，而且随着环境变化其传输距离变得更短，所以它只能用于非常近距离的场景中，如家庭中一些设备点对点传输、智能手表与手机连接上传数据等；ZigBee 的功耗表现也不错，而且能够自组网，保障多个近距离设备数据不会丢失，但是它能够传输的有效距离有限，增加距离后需要部署密集的网关且通信效率会下降；而 WiFi 虽然能给人们带来流畅的网络体验，但 WiFi 的设备功耗很大，大部分需要电源供电，其传输距离更短。因此，蓝牙（Bluetooth）、ZigBee、WiFi 等局域通信技术基本位于矩阵的左下角区域。

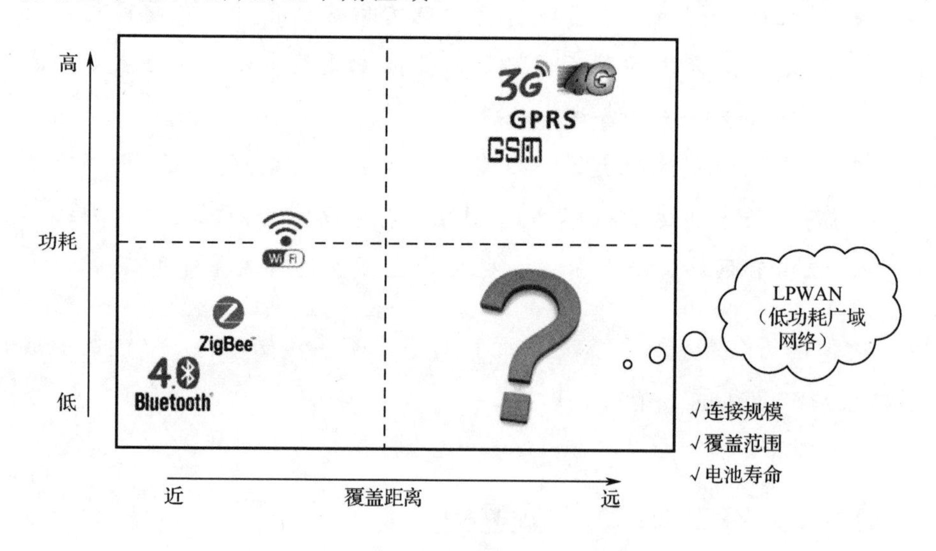

图 1.2　物联网通信技术矩阵

此前，运营商的蜂窝网络成为需要广域网络设备的首选。不过，若在图 1.2 所示的矩阵中找位置的话，蜂窝网络会处于矩阵的右上角，因为虽然蜂窝网络设备可以实现长距离的通信，但采用蜂窝网络的设备功耗非常高（从手机的功耗就可以推测出蜂窝网络设备的功耗）。

矩阵的左上角实际上没有太大意义，因为位于这个区域的技术传输距离很近，而功耗又很高，由右上角或左下角的解决方案来替代是完全可行并经济的。而对于那些未来数以百亿级的设备联网的需求，这两类通信方式显然不能满足所有终端联网的需求，正如前文所述的大量低成本的设备分布范围非常广泛，其数据采集和传输无法通过电源供电来支持，或者电源供电非常不经济，需要长时间的电池供电来支持，现有的通信方式无法同时实现长距离和低功耗这两种需求。这就是矩阵图中右下角的部分，也是物联网通信层的最大短板。

1.3.3　低功耗广域网络补齐短板

低功耗广域网络（Low Power Wide Area Network，LPWAN）成为弥补物联网网络层这一短板的最佳武器。看到物联网产业化发展的这一瓶颈，不少公司已开始行动且推动商业化的实现，Sigfox 应该是行动最为迅速的，后续的 LoRa、NB-IoT、eMTC、RPMA 等也开始开疆拓土，关于各类 LPWAN 技术，后面会有详细介绍。

这些 LPWAN 完美地解决了前面所提及的那些设备互联互通的问题，包括：传输距离在复杂的城市环境中可以超过传统蜂窝网络，在空旷地域甚至高达 15 千米以上，且穿透性较强，在很多恶劣环境下也有信号；支持窄带数据传输，网络通信成本极低；由于低数据传输速率，加上网络设计中引入多种节电技术，基于 LPWAN 设备的功耗极低，电池供电可以支撑数年甚至十多年。

实际上，LPWAN 不仅解决了前面提及的那些设备连接问题，它还具有更广泛的应用场景。根据 Analysys Mason 的研究，单单 LPWAN 技术，到 2023 年前就可以为全球增加 30 亿的联网数量，LPWAN 的商用化将补足物联网通信层的重大短板。爱立信移动报告显示，到 2022 年广域物联网的连接数将达到 21 亿以上，其中大多数将通过低功耗广域网连接。

1.3.4 低功耗广域网络的特点

总体来说，能够实现物与物传输且补齐物联网通信层短板的低功耗广域网络具有以下四个特点。

超低功耗

海量的物联网终端由于无法实现电源持续供电，只能通过电池供电，要求最高可以达到 10 年以上电池寿命，通信芯片和网络需要做到超低功耗。

更广覆盖

相对于目前的 2G/3G/4G 网络，单基站的覆盖范围提升数十倍，通过增强覆盖，在很多恶劣的环境下可以实现较好的信号穿透，增加终端通信的有效性。

超大连接

为实现海量物联网设备连接的需求，单个基站需要拥有数万个连接容量，相对于传统蜂窝网络，该容量大大提升。

低成本

相对于其他蜂窝网络芯片，LPWAN 终端芯片设计大大简化，从而大幅降低成本，模组、终端的成本也随之大幅降低，使得设备接入门槛降低。

这四个特点是 LPWAN 最基本的特征，当然，各类不同 LPWAN 标准都有自己独特的技术来实现这四个特征。当然，为了实现这些特征，LPWAN 需要牺牲带宽和时延，一般传输数据的速率都非常低且传输频率不能太高，时延也较长，这也形成了 LPWAN 的固有特点。

与其他技术相比 LPWAN 的特点如图 1.3 所示。

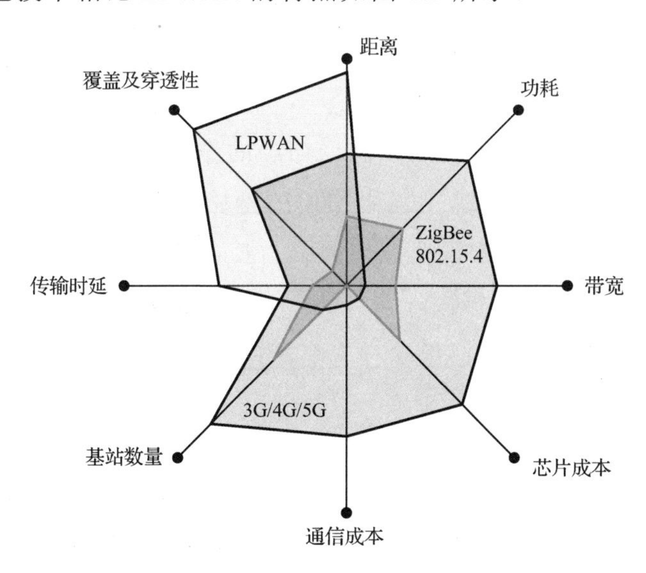

图 1.3　与其他技术相比 LPWAN 的特点（来源：LoRa 联盟）

1.4 开启新的应用——大量行业、海量终端接入带来的效应

低功耗广域网络补齐物联网通信层的短板，带来的效应是之前海量无法接入互联网的设备有了接入的方式，连接之后将开启更为丰富的行业、个人应用。

1.4.1 战场上武器的类比

关于低功耗广域网络在物联网通信层的作用，我们可以形象地用战场上的各类武器来做类比。战场上常用的枪械在战斗中发挥着不同的作用，各类枪械配合才能实现全方位的火力打击，而物联网通信层的各种连接方式正好可以用枪械做一些类比，其中蓝牙好比手枪；WiFi 好比冲锋枪；4G 好比重机枪；低功耗广域网络好比狙击枪。

蓝牙与手枪

在战场上手枪多用于近战和自卫，一般有效杀伤距离约 50 米，当然它无法形成高频的火力压制，主要在于能形成近距离低频率但精准的杀伤力。这个可以和通信方式中的蓝牙形成类比，因为蓝牙一般有效距离也非常短，且数据传输速率有限，但在近距离中点对点的方式保障了数据传输的有效性，就像手枪近距离点对点射击的杀伤力一样。

WiFi 与冲锋枪

冲锋枪是一种单兵近战武器，可以突然开火，射速高、火力猛，适用于近战或冲锋，但由于枪弹威力较小，有效射程较近，一般只有 200～300 米，有效覆盖范围有限，射击精度也较差。而 WiFi 可以看作物联网通信层的“冲锋枪”，能让人们体验较高的网络速率，就像冲锋枪的射速和火力一样，但有效覆盖范围有限，因而只适合局域网络的设备连接。

4G 与重机枪

重机枪作为战场上的重型武器，具有远距离射击精度和火力持续性，能较方便地实施超越、间隙、散布射击。主要用于歼灭和压制 1000 米内的敌集团有生目标、火力点，典型的特点是射程远、火力猛。这类似于现有的 4G 高速移动网络，能够实现高速带宽，而且可以实现较远的传输距离，适合于广域、大数据量传输的设备连接。

低功耗广域网络与狙击枪

战场上还有一种让人闻风丧胆的武器，那就是狙击步枪，它射击精度高、距离远、可靠性好，军事上主要用于打击高价值军事目标，如指挥人员、车辆驾驶员、机枪手等，有效射程能达到 1000 米以上，甚至可以摧毁对方 2 千米处的轻型防护目标，不过由于精度较高，一般只是点对点射击，火力并不是其优势。低功耗广域网络就和这一武器类似，具有较远的传输距离，而带宽很低，但每次发送的都是设备的有效数据，就像狙击步枪少量的射击就可以有效打击重要目标一样。

就像战场上各类武器各司其职一样，物联网中的各类通信技术在发挥着各自的作用，互相之间是配合、促进的作用，而非替代作用，共同保障物联网“应用战役”的成功。

1.4.2 广阔的应用场景

低功耗广域网络的商用，为大量产业拥抱物联网带来了新的机遇，此前那些通过电池供电的终端设备没有有效的无线通信技术，此刻有了接入互联网的手段，从而大大扩展了物联网的应用范畴。

对于物联网未来市场规模，大量市场研究机构都发布过预测报告，比较典型的如IDC、Gartner、麦肯锡、思科等，将2020年看作一个标志性的时间，而物联网市场规模常常用连接设备的数量来表示，数量从200亿～1000亿不等。虽然数字差距很大，但整体量级都在百亿级以上，和现有的人与人通信的设备相比确实是一个革命性的产业，具有广阔的前景。在这数百亿级设备数量中，17%～20%的设备需要低功耗广域网络来连接。这个数字在整个物联网连接数里面虽然不占据最高比例，但却打开了大量行业智能化变革的大门。

长时间免维护设备的需求

设备免维护的要求，往往因为环境恶劣、人力不方便或人力成本过高，这样的场景中终端设备基本只能通过电池供电，电池寿命是最大的痛点，需要能够支撑数年时间甚至10年以上，这样才能达到免维护的目的。如对环境监测需要大量部署传感器，但传感器数据传输设备供电不方便；建筑、桥梁、大坝震动倾斜的监测，设备部署后无法经常更换和维护；井盖盗窃和水位监测也不方便市电供电，也无法经常以人力维护，这就需要低功耗广域网络的协助了。

对广泛分布设备的统一管理需求

对于大量的设备分布范围非常广泛，用户对这些设备有统一管理的需求，此时广域网络就非常合适。当然，这些需求中，有不少是通过传统蜂窝网络连接的，但其中大部分没有高带宽和高实时性的要求，因此更多地使用低功耗广域网络连接（约占70%以上）。在物联网场景中，分散性的设备很多，但并不一定需要实现统一管理，如消费类设备只是消费者自己管理，使用短距离通信就可以；但需要统一管理时，由于设备分散性，广域网络是最低成本的接入方式。例如，城市里随处可见的共享单车、城市中所有水表自动抄表、交通运输中的关键产品的监测、厂商对销售出去商品的跟踪等。

低频使用但保持在线的需求

我们周围的不少物品联网后并不需要时刻保持数据的交互，在需要时仅需低频次、小数据包的交互即可解决问题，但这些物品需要一直保持与网络连接，可以休眠但不能断开网络连接，因为对网络资源的占用较少，无须长期占用成本昂贵的高速率蜂窝网络，故可以用一种轻量级的网络解决方案为其提供服务，这也是低功耗广域网络存在的必要。典型的如资产的跟踪、宠物防丢、抄表等，只是按需提供网络服务即可。

以上三类需求与低功耗广域网络低功耗、广覆盖、大连接、低成本四个特征相匹配，产生了大量的物联网应用场景，如图1.4所示。

智能环境监测和工业控制	跟踪	智慧城市
√森林防火 √空气污染 √地震传感 √塌方洪水 √供暖供电 √设备状态 √工厂控制	√电动车、自行车 √汽车、卡车 √货柜 √小孩、宠物、老人 √贵重物品防盗 √物品查找	√智能泊车 √交通传感和控制 √路灯、窨井盖 √基础设施监控 √垃圾和废物监测 √公共定位服务 √广告显示
智能抄表	**智慧农/牧业**	**安全、智能家居**
√电表 √水表 √气表 √供暖 √基础设施和生产	√灌溉控制 √环境监测 √动物跟踪 √动物感知-生病、排卵、产子	√烟雾控测 √安防系统 √智能家电 √智能空调 √监测和控制

图 1.4　低功耗广域网络部分典型应用场景（来源：拓宝科技）

CHAPTER 2

第二章 庞大家族：低功耗广域网络的发展历史和阵营

市场上从来都不缺嗅觉灵敏和远见卓识的企业家和科学家，虽然 Sigfox 以一个具有传奇光环的创业企业开始让人们的目光更多地关注低功耗广域网络，但这既不代表这是一个崭新的技术创新领域，也不代表该领域只有 Sigfox 一个参与者。实际上，无论从纵向还是横向来看，低功耗广域网络都有大量参与者前赴后继，到今天能够出人头地的，也是有其历史和现实背景的。

2.1 三十年沉浮——低功耗广域网络早期的雏形和概况[1]

实际上，早在20世纪80年代末90年代初就出现了低功耗广域网络的雏形和现在的低功耗广域网络技术有着相似的拓扑结构（通常为星形网络）和网络架构，而且网络速率很低，只是没有统一命名。其中最为典型的是美国的AlarmNet和ARDIS两个网络。

2.1.1 安防应用网络 AlarmNet

AlarmNet，顾名思义，一定是和报警设备联系在一起的，它是由美国大型报警设备制造商美国安定宝集团研发和部署的一种网络。安定宝（ADEMCO）是当时美国一家大型的报警设备制造商，在2000年与另一家知名安防企业C&K合并成立Ademco Group（美国安定宝集团），并隶属于霍尼韦尔，2004年美国安定宝集团正式更名为霍尼韦尔安防集团。

AlarmNet已经与今天的低功耗广域网络比较相似，它使用928 MHz

1. 本节部分内容引用自八月科技的博文，特此说明。

免授权频段，这一网络用来监控安定宝公司的报警设备，而 AlarmNet 用来发送报警信号等少量数据，所以传输速率也很低。

AlarmNet 当时已经具备了一定的规模，覆盖了美国 18 个主要区域和约 65%的城市人口，这样的规模已经形成广域覆盖的大网。不过，在 20 世纪 90 年代末，2G 蜂窝网络开始普及，人们发现蜂窝网络可用来传输数据和音频，而且覆盖较广，整个产业链成熟后硬件成本非常低，因此大量需要使用无线的设备开始使用 2G 网络，其中包括报警系统，因此 AlarmNet 开始和 2G 网络融合。

时至今日，AlarmNet 仍然是霍尼韦尔报警联网系统的重要服务内容，因为大量安防设备需要高速率、高可靠的通信，所以这个联网系统更多地租用电信运营商的蜂窝网络。以美国为例，AlarmNet 采用 GSM/CDMA/3G/4G 网络提供联网报警服务。

2.1.2　数据服务网络 ARDIS

另一个低功耗广域网络的雏形为 ARDIS，它是 20 世纪 80 年代末由摩托罗拉和 IBM 共同研发的，是专门用于小数据传输的广域网络，其境况也与 AlarmNet 相似。当时 ARDIS 网络主要用于自动化销售、车辆追踪、电子邮件传送和其他在线事务处理，用户主要在美国和少数的其他几个国家。

具体来说，ARDIS 是一个集群式无线数据通信网络，不能用于语音通信。该网络上行时运行速率在 806～821MHz 之间，下行时运行速率在 851～866MHz 之间，有 25kHz 的信道间隔。在那个时候，ARDIS 已具备一定规模，在美国都市统计区域（MSA）的城市中有 400 座最大城市已被覆盖，涵盖了美国 90%城市核心商业区及 80%的总人口。ARDIS 也称得上是全球化的网络，它在英国、加拿大、德国、澳大利亚、马来西亚、新加坡和泰国有分支。

1995—1996 年期间，ARDIS 在全球已拥有超过 44 000 个用户（大部分是企业用户），在个别区域其容量已超出极限值，不过 ARDIS 更多会随着需求的增加来扩大容量和覆盖，ARDIS 在大部分覆盖区域的速率为 4800bps。

在现在看来，ARDIS 的费率是非常高的：对于消息传送服务来说，从每月 39 美元的最低套餐（包含 100 条消息）到每月 139 美元的白金套餐（包含 650 条消息）；对于非消息类应用的服务，每个数据包收取 6 美分，或者每 100 字节数据收取 3 美分，此类套餐不可用于 E-mail。ARDIS 也做了不少室内深度覆盖，而且由于全国性的覆盖，ARDIS 的用户在各大城市之间可以无缝漫游。

不过，在当时的背景下，ARDIS 仅提供数据服务，而当时人们对基于语音的通信需求非常旺盛，加上该网络缺乏像思科、Ascend、北电等主流硬件设备厂商的支持，使其可以发挥的作用有限。后来，摩托罗拉和 IBM 均将其股份出售给电信运营商美国移动（American Mobile），美国移动将 ARDIS 的用户并入了其部署的 2G 网络中，这个早期的低功耗广域网络宣告结束。

2.2 历史的青睐——世界移动通信大会上的潜在力量

命运的天平并不一定会倾向于最初的创新者，低功耗广域网络的先驱折戟沉沙了。20多年后的2015年，低功耗广域网络的创新者迎来了历史的青睐，2015年年初在西班牙巴塞罗那召开的世界移动通信大会（MWC）上，三个不起眼的事件成了未来物联网圈子中最热门的三股力量。这三个“不起眼”的事件包括：Sigfox首次亮相MWC、LoRa联盟在本次展会上宣告成立、华为和沃达丰完成全球首个低功耗蜂窝物联网（C-IoT）水表演示。

虽然2015的MWC展会上依然是各种手机和穿戴设备争奇斗艳的秀场，这三个事件并没有成为展会的亮点，但代表了目前三大低功耗广域网络技术Sigfox、LoRa、NB-IoT最早的公开展示，目前三者已成为全球应用最广泛的物联网技术标准。

Sigfox亮相展会，虽然是该公司公开宣布获得超纪录融资后的一次亮相，不过在大佬云集的MWC展会上并未吸引太多目光。可能是移动通信行业本身还在4G投资带来的产业余热中，对低功耗广域网络给整个产业带来的效应还缺乏认识。

也是在本次展会期间，LoRa联盟低调成立，主要由Semtech、Actility、思科、IBM等厂商发起，当时已有31家成员。这次成立大会并没有媒体进行报道，从网络搜索到的相关资料也非常有限，可能只有参加会议的人知道具体详情。

另一股力量则获得了一定的关注，因为它是由巨头来推动的。在本次展会上，全球知名运营商沃达丰宣布将联合华为、Neul 和 u-blox 推出蜂窝物联网（Cellular IoT，C-IoT），这一技术打造的低带宽、低功耗蜂窝网络可以让接入的设备仅需很少的通信成本，且一块小电池即可实现长达数年甚至数 10 年的供电。沃达丰和华为还在展会上展示了基于 C-IoT 的水表演示，让人们对该技术有一个直观认识，如图 2.1 所示。另外，沃达丰和华为还指出，将推动蜂窝物联网技术作为 3GPP 组织的公开标准，供全球运营商采用其搭建低带宽蜂窝网络。这一技术就是未来 NB-IoT 标准的一个分支。

2015 年 MWC 展会上的这三个事件虽然没有吸引太多的目光和媒体的关注，但它们的同时亮相，让沉睡了 20 多年的低功耗广域网络这一技术力量有了新的活力，新的应用曙光正在开启。

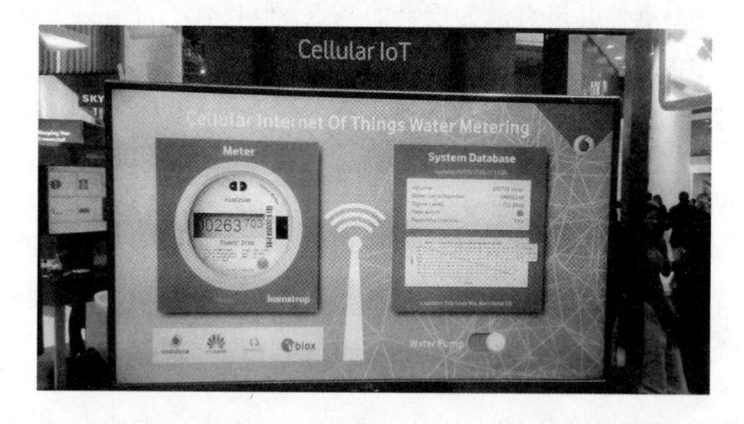

图 2.1　2015 年 MWC 展会上蜂窝物联网水表演示

2.3　今日的家族——十多个技术方向形成两大阵营

从 2015 年低功耗广域网络再次抬头到今天，该领域正经历着一个百花齐放、百家争鸣的过程。回顾 2015 年，那些具有技术和市场创新精神的人们推出了十多种低功耗广域网络技术，形成了一个庞大的家族，每一种技术都力争自身能够在群雄逐鹿中胜出。

2.3.1　明显的两大阵营

总体来看，整个低功耗广域网络家族可以分为两大阵营，而这个阵营划分的依据是各类技术所使用的无线电频谱是否属于授权频谱，因此形成了基于授权频谱的技术和基于非授权频段的技术两大阵营。通过对公开资料的收集，目前两大阵营的主要技术如表 2.1 所示。

表 2.1　低功耗广域网络两大阵营的主要技术

阵　营	技　术	标准制定企业/组织
授权频谱	NB-IoT	3GPP
	eMTC	
	EC-GSM	
非授权频谱	LoRa LoRaWAN	Semtech LoRa 联盟
	Sigfox	Sigfox

续表

阵　　营	技　　术	标准制定企业/组织
非授权频谱	RPMA	Ingenu
	ZETA	纵行科技
	Symphony Link	Link Labs
	Weightless-N Weightless-W Weightless-P	Weightless SIG
	NWave	NWave
	Telensa	Telensa
	Platanus	M2COMM
	Cynet	Cyan
	WAVIoT NB-Fi	Waviot
	Amber Wireless	Amber Wireless
	Accellus	Accellus

表 2.1 中除了列出了主要技术外，还将研发每一类技术的企业或组织列出，供读者参考。可以看出，虽然全球参与低功耗广域网络技术研发的企业和组织非常多，但基于授权频谱的技术主要还是由通信标准化组织 3GPP 集中推动的，虽然 3GPP 组织是由各国标准化组织和企业组成的，但最终能形成统一协议；而非授权频谱技术由大量分散的企业和组织来完成，各自拥有知识产权并各自推动商用。这样的情形与无线电频谱的使用权限有一定关系。

2.3.2　无线电频谱也是阵地

无线电频谱是移动通信信号传播的载体，作为无线通信的技术，能够使用的无线电频谱资源就是其阵地。低功耗广域网络是无线通信的分支，它们的阵营按照授权频谱和非授权频谱分为两大类，可以看出频谱资源在这一技术领域中的重要作用，也从一定程度上决定了各类技术的进入门槛。

授权与非授权频谱：稀缺性需要管理

无线电频谱是一个有限、不可再生的自然资源，也是宝贵的战略资源，因此各国有专门的无线电频谱管理机构，出台专门的政策法规，实现无线电频谱的统一规划管理。目前各国的频谱管理大多采用固定频谱分配策略，即频谱资源由政府主管部门管理并分配给固定的授权用户，这样能够确保各用户之间避免过多相互干扰，更好地利用频谱资源。目前频谱资源可分为两类：授权频谱（Licensed Spectrum）和非授权频谱（Unlicensed Spectrum）。

授权频谱受到严格的限制和保护，只允许授权用户及其符合规范的设备接入，而且用户要进行付费。目前，公安、铁路、民航、广电、电信等重要的部门均拥有一定的授权频谱，这些部门内设备的通信是运行在其授权频谱上的，尤其是电信行业，我们每天使用的手机就是通过运营商拥有的授权频谱来通信的，三大运营商都拥有国家无线电管理局授权的专用频谱，保障公众移动通信不受干扰。

非授权频谱是满足一定规范和标准的设备都可以接入和使用的频谱，但必须保证不对其他用户造成干扰。比较典型的是我们经常使用的WiFi、蓝牙。国际电信联盟无线电通信局曾定义过ISM（Industrial Scientific Medical）频谱，主要开放给工业、科学、医学三个机构使用，无须授权许可，当然也需要遵守在一定的发射功率范围内，并且不对其他频段造成干扰即可。

基于无线电频谱的阵地

由3GPP推动的低功耗广域网络标准运行在授权频谱上，它瞄准了电信运营商对未来物联网市场的布局。而其他技术标准则运行在非授权频谱上，即使脱离了电信运营商，其他企业和组织也可以采用其来建成专用于物联网的广覆盖的网络。

相应地，采用不同频谱的低功耗广域网络标准，其商用准入门槛差别很大，授权频谱技术的商用需要得到拥有授权频谱资源的运营商的支持，而运营商获取频谱资源时也花费了高昂的成本，不少国家通过竞价拍卖的方式授权无线电频谱的使用权。因为频谱越来越稀缺，其使用成本也居高不下。2015年，德国4G频谱拍卖，3家运营商付出超过50亿欧元的成本；2017年4月，美国多家运营商为拍得600MHz频谱花费了总额为198亿美元的成本。我国对于移动通信使用的频谱主要采用行政审批制度，虽然无须运营商支付天价的费用，但这种行政审批的高门槛让授权频谱的获取也形成了另一种昂贵的成本。修订后的《中华人民共和国无线电管理条例》将拍卖引入到频谱资源分配制度中，未来将对运营商频谱的获取成本产生巨大影响。虽然低功耗广域网络只占据非常少的频谱资源，但计算下来这少量的频谱资源成本也不低。

而那些基于非授权频谱的标准，只要符合各国无线电管理机构的相关规定，均可以使用公共频谱而无须支付高额的频谱成本，因此进入门槛大大降低。非授权频谱具有一定的“非排他”性质，无怪乎近年来全球会产生大量的基于非授权频谱的低功耗广域网络技术，而每一项技术在频谱的使用面前机会都是均等的，而且可以按需形成非常灵活的部署方式。

无线电频谱成了低功耗广域网络技术明显的“阵地”，不同的“阵地”会形成不同的产业生态、商用成本，产生不同的商业模式。例如，显而易见的是授权频谱技术由于采用专用频段、运营商统一部署，会具有电信级的安全性、干扰小的特点，可以形成全网覆盖和运营；而非授权频谱则要专门处理同频干扰的问题，在很多地区定位于企业级专网。

无线电频谱作为“阵地”还有另一方面的特点，低功耗广域网络要达到广覆盖、低成本等特点，大部分需要部署在Sub 1GHz频谱上，而且频段越低效果越好。这是由于电磁波的特性，频率越高，虽然能量越大（即承载的信息量大，网络传输速度更快），定向性越强，但衍射散射能力越弱，就是俗称的穿墙能力越弱。例如，我们了解光纤比WiFi快，但是光纤方向固定，只能在玻璃纤维内传输，而WiFi是可以散射到四面八方的。低功耗广域网络无须承载更多信息的大能量、高传输速率，但要达到相对于传统蜂窝网络更好的覆盖效果，部署在低频谱，提升衍射散射能力就非常重要了。中国电信2017年5月份完成了全国31万个NB-IoT基站的升级，就基于其拥有的800MHz优质频谱，能够快速领先于其他两家运营商开展商用，可见频谱对于低功耗广域网络“阵地”的作用非常明显。

2.4 初探各类技术的来龙去脉

2.4.1 授权频谱阵营技术

基于授权频谱的低功耗广域网络技术主要是由 3GPP（第三代合作伙伴计划）组织来推动完成的技术标准，已有标准包括 NB-IoT、eMTC、EC-GSM 三种，分别基于 Clean Slate 新空口、LTE 演进和 GSM 演进的技术。

NB-IoT

NB-IoT 的诞生并不是一帆风顺的，它是全球通信业巨头们斗争和妥协的产物。早在 2014 年 5 月，华为和沃达丰针对物联网市场主导提出 NB-M2M 技术，这是一种新的空口技术；2014 年 7 月，高通主导提出了 NB-OFDM 技术；2015 年 5 月，华为、沃达丰和高通技术方案融合，形成 NB-CIoT；2015 年 8 月，3GPP RAN 开始立项研究窄带无线接入全新的空口技术，称为 Clean Slate CIoT，这一 Clean Slate 方案覆盖了 NB-CIoT。另外，爱立信、诺基亚、中兴等厂商联合提出了 NB-LTE 技术。

NB-IoT 标准的历程如图 2.2 所示。

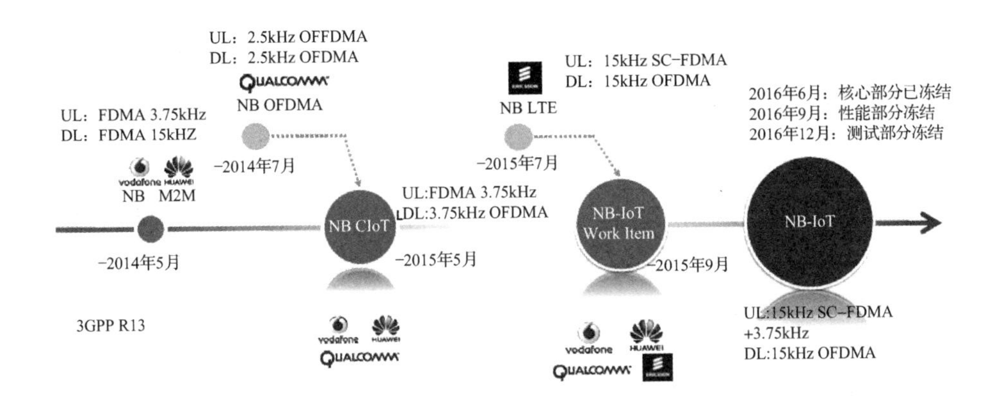

图 2.2　NB-IoT 标准的历程（来源：华为）

NB-CIoT 提出了全新的空口技术，相对来说在现有 LTE 网络上改动较大，而 NB-LTE 更倾向于与现有 LTE 兼容，其主要优势在于容易部署。但 NB-CIoT 是提出的 6 大 Clean Slate 技术中唯一一个满足在 TSG GERAN #67 会议中提出的 5 大目标（提升室内覆盖性能、支持大规模设备连接、减小设备复杂性、减小功耗和时延）的蜂窝物联网技术，特别是 NB-CIoT 的通信模块成本低于 GSM 模块和 NB-LTE 模块。

最终，在 2015 年 9 月的 RAN #69 会议上，经过激烈竞争后协商统一，平衡各方利益，NB-IoT 可认为是 NB-CIoT 和 NB-LTE 的融合，最终达成一致，形成 NB-IoT 标准。由于 NB-IoT 目前已成为低功耗广域网络领域主流技术之一，后面还会有大篇幅进行介绍，这里暂不做探讨。

eMTC

目前，手机已经广泛使用 4G 网络，这些基于 LTE 技术的 4G 网络的特点是高带宽、高速率和高功耗，更适合支撑人与人通信的移动互联网应用，然而并不一定适合物与物通信，尤其是需要低功耗的设备。为适应物联网的需求和降低成本，3GPP 在技术标准演进中对 LTE 协议进行裁剪，舍弃大部分复杂功能，形成适用于低功耗、低成本设备联网的新的 LTE-M 协议，LTE-M 在 3GPP R12 版本中称为 Low-Cost MTC，在 R13 中称为 LTE enhanced MTC（eMTC），旨在基于现有的 LTE 载波满足物联网设备需求。

和 NB-IoT 相同的是，eMTC 终端也引入了 PSM 与 eDRX 两种节电模式，而其设计目标是在 LTE 最大路损（140dB）基础上增强 15dB 左右，电池设计目标也努力做到 10 年的使用寿命。不过，eMTC 的终端上下行仅需 1.4MHz 的带宽，其速率可以达到 1Mbps，支持移动性和基站定位，可实现漫游和无缝切换，并且支持 VoLTE 语音，这些都是 NB-IoT 在 R13 版本中所不具备的能力。另外，由于其相对于 NB-IoT 来说有一定的复杂性，eMTC 的芯片成本会略高于 NB-IoT。

EC-GSM

EC-GSM 即扩展覆盖 GSM 技术（Extended Coverage-GSM）。此前，以 GPRS 为代表的 2G 网络已成为相对成熟且成本低廉的广域物联网接入方式，然而，当各种 LPWAN 技术兴起时，传统 GPRS 应用于物联网的劣势凸显。2014 年 3 月，3GPP GERAN #62 会议“Cellular System Support for Ultra Low Complexity and Low Throughput Internet of Things”研究项目提出，将窄带（200 kHz）物联网技术迁移到 GSM 上，寻求比传统 GPRS 高 20dB 的更广的覆盖范围，并提出了 5 大目标：提升室内覆盖性能、支持大规模设备连接、减小设备复杂性、减小功耗和时延。2015 年，TSG GERAN #67 会议报告表示，EC-GSM 已满足 5 大目标。

GERAN［GSM EDGE Radio Access Network，GSM/EDGE 无线通信网络（Radio Access Network）］由 3GPP 主导，主要制定 GSM 标准，由于早期的蜂窝物联网技术是基于 GSM 的，所以一些物联网立项都是 GERAN 进行的。随着技术的发展，蜂窝物联网通信需要进行重新定义，形象地称为“Clean-Slate”方案，类似于“打扫干净屋子再请客”的说法，这就出现了 NB-IoT。由于 NB-IoT 技术并不基于 GSM，是一种“Clean-Slate”方案，所以蜂窝物联网的工作内容转移至 RAN 组。GERAN 将继续研究 EC-GSM，直到 R13 NB-IoT 标准冻结。

2.4.2　非授权频谱阵营技术

非授权频谱阵营技术主要有以下几种。

LoRa

2012 年 Semtech 收购了拥有 LoRa IP 的法国公司 Cycleo，开始树立起其在物联网领域的话语权。早在 10 多年前，Semtech 这家模拟和混合信号半导体厂商就开始了物联网领域的布局，收购了一家射频技术的厂商，拥有了射频产品线，再加上 2012 年收购 Cycleo 后将 LoRa 相关技术整合进射频平台，满足了市场上对低功耗、长距离通信技术的需求，逐渐被市场所接受。

2013 年 8 月，Semtech 向业界发布了名为 LoRa 的新型 Sub-1GHz 频谱的扩频通信芯片，最高接收灵敏度可达-148dBm，主攻远距离低功耗的物联网无线通信市场。该技术主要工作在全球各地的非授权频谱。

与其他传统的 Sub-1GHz 芯片相比，LoRa 芯片最高接收灵敏度提高了 20～25dB，体现在应用上就是拥有 5～8 倍传输距离的提升。实际上，LoRa 采用了基于线性调频信号（Chirp）的扩频技术，数字信号通过调制 Chirp 信号将原始信号频带展宽至 Chirp 信号的整个线性频谱区间。

当然，仅 LoRa 这一扩频通信技术并不足以对整个物联网市场产生撼动，正如 2.2 节中所述，Semtech 联合多家厂商成立了 LoRa 联盟并以 LoRa 技术为基础共同开展 LoRaWAN 标准的制定工作和构建产业生态系统，为这一技术成为全球主流奠定了基础。

LoRaWAN 是一种低功耗广域网络规范，适用于地区、国家或全球网络中的电池供电的无线设备。LoRaWAN 以物联网的关键要求为目标，如安全的双向通信、移动化和本地化服务。该标准提供智能设备间无缝的互操作性，不需要复杂的本地安装，给用户、开发者、企业以自由，使其在物联网中发挥作用。目前，LoRaWAN 在欧洲主要运行在 868MHz 频段上，在美国运行在 915MHz 频段上，而在中国更多地运行在 470～510MHz 频段上。

LoRaWAN 网络通常布局为一个星形拓扑结构，其中网关是一个透明桥接，在终端设备和后台中央网络服务器之间转送信息。网关通过标准 IP 连接到网络服务器，而终端设备使用无线通信单跳到一个或多个网关。所有终端节点通信一般都是双向的，但还支持诸如组播操作［以实现软件空中升级（OTA)］或其他大量信息分发（以减少空中通信时间）。终端设备和网关之间的通信以不同频道和数据传输速率传播，数据传输速率的选择需要在通信距离和通信时延间权衡。由于扩频技术，不同数据传输速率的通信相互间不会干扰，并会创建一组“虚拟”通道，增加了网关的容量。LoRaWAN的数据传输速率范围为0.3～50kbps。

截止到目前，LoRa和LoRaWAN已在全球大量地区开始了商用和部署，成为一个事实标准，后面的章节中会有大量内容来阐述，这里就不赘述了。

Sigfox

本书开头即介绍了Sigfox的超规模融资和商业模式，作为非授权频谱的低功耗广域网络标准，Sigfox采用超窄带技术（Ultra-Narrow Band，UNB）来应付传输需求，超窄带技术可以极低电源消耗覆盖大范围区域，更能达到省电、低成本的目的，以利于各项物联网设备延长电池使用时间与降低成本。该技术仅支持100bps的带宽，而其基站的覆盖范围即可相当于蜂窝网络的50～100个站点的覆盖范围。

Sigfox使用标准的二进制相移键控（Binary Phase Shift Keying，BPSK）的无线传输方法，采用非常窄的频谱改变无线载波相位对数据进行编码。这使得接收器仅用很小的一部分频谱侦听，并且减少了噪声的影响。Sigfox网络性能特征包括：每天每设备140条消息、每条消息12字节（96位）、无线吞吐量达100位/秒。

能做到在30多个国家实现网络覆盖，Sigfox一定不是单打独斗，而是有一个专门的开放生态系统，在这个生态系统中，Sigfox扮演的角色包括[1]：

---

1. 本段内容部分来自于自媒体“王志杰”的整理。

- 网络标准制定者——发展 Sigfox 技术，提供 Sigfox Ready Program 技术认证；
- 网络服务供应商——自行建设或与合作伙伴共同建设网络，接收并回传用户设备的信息；
- 软件和平台供应商——提供软件及云端服务平台（Sigfox Cloud），利用合作伙伴新建或升级既有的网络，连接硬件设备与应用服务。

例如，Sigfox 制定的专门认证机制 SIGFOX Ready™用于认证 MCU、RF 芯片等更好地支持 Sigfox 的窄带技术，包括德州仪器、Atmel、SiliconLab 和 Telit 等公司均生产支持 Sigfox 技术的调制解调器。可以看出，这种合作方式将会是 Sigfox 普及其窄带技术最主要的方式。由于后面章节还会专门介绍 Sigfox 产业和市场发展情况，关于 Sigfox 的商业模式这里不再赘述。

RPMA

RPMA（Random Phase Multiple Access，随机相位多址接入）由美国 Ingenu 公司开发。Ingenu 公司成立于 2008 年，在 2015 年 9 月前该公司的名称是 ONRAMP。Ingenu 为开发人员提供了收发器模组以连接到该公司及其合作伙伴在全球范围内建立的 RPMA 网络，这些网络将来自终端节点的信息转发至使用者的 IT 系统。同时，RPMA 也适用于想要搭建私有网络的客户人群。

根据 Ingenu 发布的 LPWAN 白皮书，RPMA 和其他低功耗广域网络技术比较，在多方面占据优势，包括：

- 在网络覆盖能力方面，RPMA 基站的网络覆盖范围极广，覆盖整个美国和欧洲大陆分别只需要 619 个基站和 1866 个基站，而对应采用 LoRa 技术则分别需要 10 830 个基站和 43 319 个基站，Sigfox 技术则分别需要 6840 个基站和 24 837 个基站；
- 系统容量方面，以美国大陆为例，如果物联网中的设备每小时传输 100 字节的信息，那么采用 RPMA 技术可以接入 249 232 个设备，而采用 LoRa 技术和 Sigfox 技术则分别只能接入 2673 个设备和 9706 个设备；
- 在功耗控制方面，RPMA 采用功率控制和信息传输确认的办法来减少重新传输的次数，终端在数据传输的间隔进入深度睡眠状态来减少功耗，延长电池寿命；
- 频谱使用方面，RPMA 技术统一采用的是 2.4GHz 频段，该频段在全球都属于免费频段，这样 RPMA 的设备可以在全球实现漫游，Sigfox 在欧洲使用的是 868MHz 的频段，在美国使用的是 915MHz 的频率，而 868MHz 和 915MHz 这两个频率在中国已被占用，实现漫游比较困难（个人认为设备全球统一频率是 RPMA 的一个最大亮点）；
- 通信方式方面，RPMA 采用的是双向通信的方式，可以通过广播的方式对终端设备进行控制或升级，相比而言，Sigfox 采用的是单向传输，LoRa 采用的是半双工的通信方式。

Ingenu 公司比较知名的还有其明星董事会团队，包括高通公司创始人 Andrew Viterbi 博士、美国最大运营商 Verizon 前首席执行官 Ivan Seidenberg 和前首席技术官 Richard Lynch 等人。他们是之前 CDMA、LTE 无线通信技术研发的主要参与者和推动者。

ZETA

ZETA 协议是由厦门纵行科技自主研发的分布式、低成本、低功耗广域物联网技术，纵行科技是 Cambridge Wireless 的创始会员，基于 ZETA 的终端模块、组网设备、管理平台等也由该公司开发。

ZETA 以其独有的“网状网接入（Mesh Access）”和“虚拟正交频分复用（Virtual OFDMA，纵行科技拥有其独立知识产权）”技术构成其独有的“分布式低功耗广域物联网”的概念。

ZETA 的网络架构主要是由接入点（AP 基站，PoE 或太阳能供电）、Mesh 中继（可选，电池供电）和传感终端（电池供电）组成。其中，基站将 ZETA 网络与因特网云端相连；中继可以被部署到任何需要它的地方，通过中继，信号非常容易到达目的地，如金属屏蔽物后方、地下通道内等。大量的中继相互连接形成一个网状网（Mesh Network），有效地无限扩大了覆盖范围，提高网络的健壮性和 QoS。

相对于其他低功耗广域网络技术，ZETA 具有如下特点。

- 主动双向通信：可根据用户需求，在任意时间或根据任意事件触发进行上行（数据馈送）和下行（控制信令）的数据传输。
- 灵活中继破解站址部署困境：ZETA Mote 中继采用电池供电，容易部署，一方面，在与基站配合的基础上，ZETA Mote 中继可通过低功耗多跳自组网，通过一跳或多跳的 Mote 转接，将基站网络的覆盖延伸到其（或 LPWA 链路预算）不能到达的角落，当某个连接中断时，多个 Mote 间能够自行重组网，确保数据传输的高可靠性；另一方面，Mote 也是一个多功能设备，不仅具备子基站/热点功能，本身也具备通信模块功能，让终端通过 Mote 可以实现联网，这一功能在大量场景中能够降低部署成本。例如，通过在每个路灯上安装 Mote 模块，不仅可以使路灯本身联网，同时把路灯变成了一个 ZETA 热点，可以覆盖周围 1～2 千米（市区），形成路灯物联网。

- 智能分流破解并发流量困境：Mote 中继能够扩展基站覆盖区域，当然在基站分流中也发挥了巨大作用，通过把一个蜂窝内的流量分流到不同的 Mote 接入，解决 AP 侧的流量并发冲突问题，使得 LPWA 网络具有更好的可扩展性。
- 面对下行链路功耗难点，通过 Virtual OFDMA 机制，ZETA 可使终端和网络设备都处于深度休眠状态，直至需要发送数据的时刻才被唤醒，从而支持上下行都工作在低功耗模式。在实际测试中，此类机制比 LoRa 终端节省 20%以上的功耗。
- 频谱利用率：由于采用窄带/超窄带技术，相比于 LoRa 等基于扩频的技术，ZETA 在频谱利用率上具有明显的优势，如典型的 LoRa 信道需占用 125kHz 的无线频谱，即使运行在窄带模式下，这个带宽也可以装进去 15 个 ZETA 信道。

Weightless

Weightless 技术是由 Weightless SIG（Weightless Special Interest Group）组织开发的，该组织创始成员包括埃森哲、ARM 和 M2COMM 三家，提供低功耗广域网的无线连接技术，该技术是一个开放的技术，专为物联网而设计，该技术既可以工作在 Sub-1GHz 免授权频段，也可以工作在授权频段。Weightless 实际上包括三个协议，即 Weightless-W、Weightless-N 和 Weightless-P（见表 2.2）。

表 2.2 Weightless 的三个协议

	Weightless-N	Weightless-P	Weightless-W
传输模式	1-way	2-way	2-way
特征	Simple	Full	Extensive
距离	5km+	2km+	5km+
电池寿命	10years	3-8years	3-5years
终端成本	Very low	Low	Low-medium
网络成本	Very low	Medium	Medium

Weightless-W 是初始协议，它是为了充分利用广电白频谱（TVWS）而研发的，但全球并未着眼于开发空白频谱的可用性，因此该协议一直被搁置，直到频道可用的时候。

另一个协议 Weightless-N 作为 Weightless-W 的补充，是一个非授权频谱下窄带网络协议，源于 NWave 技术，于 2015 年 5 月发布，瞄准在高达 7km 的距离内以低速率为物联网设备到基站提供低成本的单向通信服务。Weightless SIG 之前即针对 Weightless-N 标准展开了一连串的制定工作，包括已公布的 Weightless 1.0 版架构，是以低功耗、大范围网路覆盖为目标基础所制定的，使用 Sub-GHz 频段和超窄频段（Ultra Narrow Band）技术，期望能满足更多物联网应用。

但还有一系列的应用需要双向通信，以便确认信息接收、软件更新等，它们需要比 Weightless-N 更高的速率，于是第三个协议 Weightless-P 应运而生，它瞄准了这些市场的近期需求。这一协议基于 M2COMM 公司的 Platanus 技术。根据 Weightless SIG 的介绍，Weightless-P 将利用窄频通道及 12.5kHz 通道的 FDMA+TDMA 调变，作业于免授权的 Sub-GHz ISM 频段。物联网设备与基站的通信将可实现时间同步，从而管理无线电资源与处理交换机制以实现装置漫游，可用的通信速率能够根据链路品质与所取得的资源在200bps～100kbps之间调整。

Weightless作为开放的协议，并允许开发者使用特定供应商或网络服务供应商的资源，每家公司都能免费利用Weightless技术发展低成本的基站和终端设备，预估一个Weightless连接终端成本可小于2美元，一个Weightless基站的BOM成本小于3000美元。

Symphony Link

Symphony Link由美国Link Labs公司开发，该公司是2013年由约翰·霍普金斯大学应用物理实验室的几位工程师创办的。实际上，Link Labs是LoRa联盟的成员，因此它使用LoRa芯片。然而，Link Labs并没有使用LoRaWAN，而是在Semtech的芯片之上构建Symphony Link的专有的MAC层（软件）。

与LoRaWAN相比，Symphony Link增加了一些重要的连接功能，包括保证消息可靠收发、固件空中升级、解除占空比限制、提供中继功能和动态扩容。

NWave

NWave技术公司自己拥有该协议的所有权，该协议是Weightless-N协议的基础。NWave采用超窄频带技术及软件定义无线电规范，可以在任何非授权的频段操作。单个基站可以容纳超过100万个物联网设备终端，覆盖范围为10km，射频（RF）输出功率为100mW甚至更低，数据传输速率为100bps，采用电池供电的设备寿命长达10年。它以虚拟化 Hub 的方式实现多数据流传输，中央处理器对数据进行分类，确保数据的归属性。

实际上，2015 年 7 月，NWave 技术公司和企业加速器组织 Accelerace 与 Next Step City 合作，在丹麦部署 Weightless-N 网络，范围遍及首都哥本哈根及南丹麦能源产业重镇埃斯比约，这一网络即采用 NWave 协议搭建。此网络是首次的公共网络建设行动，是极具开创性的里程碑，为丹麦物联网和智慧城市建设提供了网络基础。

Platanus

Platanus 由云创科技（M2COMM）所拥有，是为处理一定距离下超高密度节点而设计的，它可以广泛用于电子标签类应用中，这一协议也成为 Weightless-P 技术的基础。

Platanus 原始技术瞄准 100m 左右的中等范围，为物联网数位价格标签提供室内覆盖。这些数位价格标签采用电子墨水（e-ink）或 LCD 显示器，能够取代商店货架上的纸类价格标签，让商店得以通过无线方式调整产品价格。Platanus 技术的其他主动式应用还包括工厂中的生产批次的信息显示器，提供包括即时状态与待处理的下一个步骤等信息。由于这是一种双向通信，这些显示器还能整合感测器，监测货品的环境状况。

Telensa

Telensa 技术是由同名的英国公司研发的，该公司此前是 Plextek 集团的下属企业，后来剥离出来独立运营。Telensa 也主打超窄带技术，将其智能无线技术应用于医疗、安全、车辆跟踪和智能计量等市场，特别关注于街道照明和停车的远程控制和管理，该技术具有双向通信能力，不过在欧洲主要运行在授权频段上，在北美则运行在非授权频段上。

Telensa 掌握的低功耗无线通信技术仅开放用户界面，协议本身并不开放，该公司认为自己在应用层具有差异化优势，而不是在底层协议层上。例如，在智能照明领域，它可为一个城市设计和提供完整的解决方案，包括照明控制器、基站、托管云服务和用户界面在内的一个完整的智能照明控制系统。此前，该公司在深圳与一家灯具公司合作，成功完成了嵌入式远程控制系统装饰灯具的现场测试，确保了中央 LED 阵列相互之间不受无线连接的干扰，连接至 Telensa 超窄带基站。

WAVIoT NB-Fi

NB-Fi（窄带保真）由一家成立于美国的科技创新公司 WAVIoT 研发，利用该技术可提供全套的长距离、低功耗、低成本的无线网络解决方案，其公司产品涵盖了一系列即插即用的组建网络的天线、网关、调制解调器及预先编程好的 Axsem 芯片、可嵌入式收发模块、网络终端节点智能远传水表和电表、智能停车传感器、智能安防传感器、智能垃圾桶传感器、云终端等。

WAVIoT NB-Fi 通信协议的核心主要是其在电信终端运用复杂的数学计算和编码方法而形成的智能信道分配，建立于双向通信的 SDR 形成的全双工网关和 3 个 120° 的定向天线。整套系统的传输和接收信号的灵敏度可达到-154dB 并确保总的链路预算达到 194dB。已经在欧洲市场商业化的实际项目应用证明，其传输信号在空旷的市郊可达 50km，在市区可达16km。

Cynet

Cynet是Cyan公司研发的专用于窄带网物联网的技术，主要用于智能电表计量领域。Cyan是一个集成系统和软件设计公司，2016年，Cyan与JST集团签订分销协议，在泰国分销Cyan的窄带网物联网技术，此协议的签订扩大了Cyan在印度、中国、撒哈拉以南非洲、巴西和中东等地区新兴市场的市场份额。

Cynet智能计量解决方案获得了英国能源创新奖，是公认为“专门为新兴经济体的电力部门设计”的解决方案。Cyan声称其窄带网架构能使智能计量技术满足新兴市场的能源需求，实现了节能、降低运营成本和降低能耗的作用，并且公司建立了国内的合作伙伴生态系统，配套的技能和经验的传递方便客户创造财富。

Amber Wireless

Amber Wireless是一个私有专利协议，当前暂无详细的商用化案例。不过，从其官网上可以发现，Amber Wireless正在提供一款868MHz无线广域射频模组，支持Mesh和超窄带长距离协议，可达到138dB链路预算，最长传输距离可以达到10km，数据速率为625bps。

其他LPWAN技术

除了以上LPWAN技术外，还有不少公司开发的私有协议，包括Accellus、Aclara公司的Synergize等，这些都只在企业经营的小范围应用，没有形成强大的生态系统。

2.5 为何“三十年河东、三十年河西”

本章一开始就提到，30 年前已经出现了低功耗广域网络的雏形，而这两个低功耗广域网络的“先驱”最终在 2G 网络商用后走向了终结，但现在又开始重新成为热门，而且成为主流物联网通信网络的趋势很明显。是什么造成这种“三十年河东、三十年河西”的现象呢？其实不外乎供给和需求两方面的积累。

2.5.1 需求扩展：更多的应用场景

30 年前，通过低功耗广域网络可以实现的场景非常有限，包括安防报警设备的数据传输、电子邮件少量文本、资产位置固定上报等少数几个场景。以安定宝集团的 AlarmNet 为例，一个网络部署后，覆盖多个城市和大量人口，但只连接了该公司自有的安防报警器，报警器的数量是非常有限的，如此少量的终端连接到这个网络上，网络资源并未得到充分利用。另外，即使这个网络能够开放出来，供外部用户的设备接入使用，那个年代的用户对于设备联网的需求少之又少，因此无法产生合适的商业模式。

一个不容忽视的背景是，20 世纪 80 年代中期至 90 年代末正是全球 2G 网络兴起的时代，GSM 和 CDMA 两种蜂窝移动通信网络的商用让人们体验到了廉价的语音和低速数据通信服务，随之而来的是移动通信用户快速增长，人类之间便捷通信的需求首次得到大范围的满足。因此，整个产业和需求都围绕着 2G 网络展开，原有的专用于低速率数据的网络在 2G 网络面前失去优势，因而并入 2G 网络。

而在 30 年后的今天，随着物联网产业的发展，各行各业中海量的设备需要连接起来，不再是之前仅有安防、资产管理等少数场景，而是拥有成千上万的应用场景。这些场景中，有相当大的一部分是对设备低频、小包数据传输的需求场景，因此对低功耗广域网络连接的需求日益增强，一个低功耗广域网络可以接入的设备数量是非常多的，网络资源的利用率已不是需要考虑的问题，而是要考虑如何增加网络容量的问题。这样，低功耗广域网络在这些场景的支持下，也能形成多种新的商业模式。

2.5.2 供给扩展：低廉的网络部署成本

从供给方的角度来看，移动通信技术的积累和成本的大幅下降给低功耗广域网络打下了基础，让以上 10 多种网络标准的商用门槛大大降低。

过去的 30 年，移动通信技术经历了从 1G—2G—3G—4G 的过渡，每一次技术的更迭都积累了非常多的专业经验。前人栽树，后人乘凉，移动通信的不少技术都成为低功耗广域网络技术的资源池。我们知道，不少低功耗广域网络技术是对原有通信标准的简化，尤其是基于授权频段的标准，在很大程度上受益于现有 GSM、LTE 技术的积累；即使是非授权频谱的标准，也在很大程度上复用了已有的移动通信技术。

另外还有网络建设和运维成本。在 20 世纪 80～90 年代，通信网络的建设和运维非常昂贵，对那个时代的电话、手机还有记忆的人们一定对那时的通信成本记忆犹新吧。对于低功耗广域网络，只有少量实力雄厚的企业才能为了自己的产品和业务部署一个覆盖多个城市的网络，如安定宝集团、摩托罗拉这种享誉全球的企业，而且网络建成后需要持续的运营成本。而此后的 2G 网络商用后，人们发现这个蜂窝网络覆盖的广度、深度大大超过之前的网络，且硬件成本大幅下降，使得这些少量的企业级低功耗广域网络显得成本更高了，因而纷纷倒向了 2G 网络。不过，经过 30 年的发展，通信行业的基础设施、设备、终端、平台成本直线下降，不少组织的网络运营经验也非常丰富，这些都为专用于物联网的低功耗广域网络的部署奠定了基础。

CHAPTER 3

商用演进：高度标准化和产业生态推动的力量

第二章中我们总结了低功耗广域网络十多种技术方向的庞大家族，这些技术方向从一开始百家争鸣、各自发挥神通，经过近两年的演进，目前来看已经在市场上初步站稳脚跟的只有少数几个技术方向，而且预计未来其他技术的“逆袭”空间更加有限。

十几种低功耗广域网络技术标准最终能够形成大范围商用的、不依靠行政力量推行的强制性标准，也是在市场选择下的“事实标准”。在这个百家争鸣的过程中，高度的标准化和充分的市场参与者成为最终占据商用市场份额的关键条件。

3.1　规模效应和公共资源的充分利用：少量技术标准的市场

为什么低功耗广域网络最终进化为少量的几项技术？我们认为，从百家争鸣到少数主导的过程，是一个发挥规模效应和充分利用公共资源的过程。

3.1.1　无线通信商用中的规模效应

20世纪80年代，全球移动通信市场上存在着大量的技术标准，在国内通信市场就存在来自7个国家8种制式的通信设备和终端，简称“七国八制”，各种通信系统之间互不兼容，各种制式之间无法互通。在后来的发展中，GSM的出现让全球漫游成为现实，而后面各种制式通过核心网的接口实现互联互通。

正如第一章所述，在物联网市场上，面对不同连接需求场景存在各种通信协议，各司其职的通信协议之间不会互相取代，如WiFi和蜂窝网络之间不存在很强的替代关系，它们之间通过网关、云端接口能够进行数据交换即实现了设备连接的本质，因此它们只会兼容，不会形成统一标准。但面向同一场景、功能相同的技术标准无法做到大量标准共存，这涉及规模效应的问题。

规模经济是一个经济学中的概念，实际上也为我们日常生活中的常识所支持，即随着同类产品生产规模的扩大，每个产品的平均变动成本是持续下降的。多种多样的通信标准给产业链芯片、设备、终端厂商带来很大难题，即要对不同标准开发不同的产品，而且每种制式的产品数量有限，产品的平均成本较高，规模经济没法体现出来。移动通信从1G发展到4G的过程充分体现了相同场景和功能通信技术标准的规模效应，从1G时代的“七国八制”到2G时代的GSM、CDMA双雄，3G时代的3大国际标准，再到4G时代的TD-LTE、FDD-LTE两大标准，目前5G全球统一标准是众望所归的。在每一代无线通信发展过程中，初期虽然都有大量的技术标准在竞争，但最终实现大范围商用的只有少量技术，产业链企业可以针对这少量标准形成规模经济。

正如蜂窝网络发展一样，低功耗广域网络未来也只有少数几类标准成为市场主流，让产业链形成规模效应。但到底是2种还是3种，甚至只有1种，取决于这些技术标准和形成的产业生态。

3.1.2 公共频谱资源的“公地悲剧”

“公地悲剧”是公共资源应用中的典型现象，最早由英国学者哈丁提出。“公地”实际上更多地代表的是一种公共资源，它并不归属于某个私人所有，理论上每一个人都对其有使用权，但所有人没有权利阻止其他人使用，于是每一个人都倾向于过度使用，从而造成资源枯竭。比较容易理解的“公地悲剧”包括过度砍伐的公共森林、过度捕捞渔业资源及污染严重的河流和空气，这些都是“公地悲剧”的典型例子。

为什么要引入“公地悲剧”这一公共经济学的概念？因为我们要探讨低功耗广域网络的无线电频率使用问题。频谱资源是无线通信的生命线，不过频谱资源具有典型的公共资源的特点，尤其是非授权频段。第二章中提到频谱资源是低功耗广域网络的“阵地”，不可避免地，低功耗广域网络也面临着频谱使用的问题。众所周知，低功耗广域网络补齐了物联网通信层的重大短板，但在未来的商用中，大量的同类技术标准对频谱规划和使用是否也存在“公地悲剧”？

知名市场研究公司 Machina Research 曾指出，频谱是这一领域的关键问题之一。虽然 3GPP 标准技术运行在授权频谱上，但其他低功耗广域网络大部分都在非授权频谱上部署，即我们所熟悉的 ISM 频段（工业、科技和医疗）。

ISM 频段在很长一段时间是现代数据通信的必要组成部分，作为 WiFi、蓝牙及多种无线技术的血管，我们可以看到物联网领域的一个趋势，即如何扩展那些之前已被占用的频谱，来实现其他通信技术的充分应用。这次所不同的是，驱动这一趋势的是所谓的广域网络。对于近距离通信技术，多个网络的干扰会引起多种技术故障，只是这些问题的影响有限，不至于上升到大面积的故障，但是同一地域中多个广域网络共存，在某一天可能会产生这样或那样的风险。

这两年的发展非常明显，不断增加的低功耗广域网络通信协议使用 ISM 非授权频谱，让非授权的频谱资源成为另一个典型的“公地悲剧”——所有参与方各自希望最大化使用稀缺的频谱资源，导致频谱资源过度消耗，而这不利于每一位参与者。“公地悲剧”可能发生在多种不同的基于 ISM 非授权频谱低功耗广域网络部署后，形成同频干扰，并且如果大部分都有大量终端接入的话(如每个基站连接上万个终端),每日可能产生大量的通信需求,但供应商在这一环境下如何有效地处理信号干扰和冲突还不能确定。

如果过度使用频谱的现象成为现实,监管机构会采取各种措施来处理[1]。一种方式是释放更多频谱资源给非授权使用,这种方式一般出现在拥堵是由于非授权低功耗广域网络的成功商用及市场需要更多频谱支持其发展;第二种方式是保持频谱资源不变,但限制负载循环和其他设备参数;第三种也是最具戏剧性的方式,即废除现存的 ISM 频谱,并将大部分适用于广域网络的频谱转为授权频谱,以提升供应商的门槛,淘汰不胜任的供应商,这样或许会保留部分碎片化的频谱作为非授权频谱,但这些频谱只为非商业化用途而预留;第四种方式是第三种方式的变体,即坚持频谱资源免费使用,但设置一些条款,要求每一个运营商业化广域网络的机构必须取得一张许可证,无形中提高了进入门槛。

当前,非授权低功耗广域网络的监管与这些未成熟的想法关系并不大。不过,大量非授权频谱低功耗广域网络都在大规模部署运营网络,确实会对有限的 ISM 非授权频谱资源造成严重干扰和浪费,基于公共资源的充分利用,减少“公地悲剧”的发生,未来低功耗广域网络也是少量技术普及的结果。

1. 参考 Machina Research 报告中对这一问题的预测和建议。

3.2 高度标准化和产业参与者是决定因素

最后形成长期规模效应的少数低功耗广域网络技术需要高度标准化和有大量参与企业，高度标准化主要在于让更多的企业能够快速、低成本地获得核心技术并降低互通门槛，大量参与企业保证公平的市场竞争，前者可以通过一个技术标准组织表现出来，后者可以通过产业生态的繁荣表现出来。

3.2.1 他山之石——WiFi 商用中高度标准化作用[1]

在免授权频段通信技术中，目前最流行也是我们最熟悉的无线技术算是 WiFi 了，其实 WiFi 也经历了一个漫长的修炼过程，WiFi 的发展会给低功耗广域网络带来很多启示，我们不妨看看 WiFi 是怎么炼成的。

在过去的 30 年，WiFi 发展经历过几个重要事件。

- 1985 年，美国联邦通信委员会（FCC）开放 ISM 频段用于通信，免授权商用无线局域网络成为可能；
- 1988 年，NCR 公司开始研发无线局域网（WLAN）；

1．本段内容参考吴双力博士的《终结低功耗广域网络技术百家争鸣，走 WiFi 修炼的路径》一文。

- 1990 年，IEEE 802.11 工作组成立；
- 1997 年第一个 802.11 标准发布（从 1990 年到 1997 年，802.11 工作组召开了上百轮会议以讨论无线局域网的标准）；
- 1999 年，802.11b 推出后，WiFi 联盟成立。

在 WiFi 联盟成立之后，WiFi 标准和产业的发展大大加快，802.11g、802.11n、802.11ac 等技术性能不断提升并在各领域开始广泛应用。

如果问今天研发和使用 WiFi 的从业人员：WiFi 技术最早的推动者是谁？最早一批 WiFi 芯片的生产商是谁？WiFi 路由器的早期供应商都有谁？人们大多都回答不上来了，这些厂商有很多，但很多都不存在了。随着岁月流逝，这些先驱们被遗忘了，留下的是性能越来越高、越来越便宜、越来越随处可见的 WiFi 技术。

可以说，WiFi 技术通过标准化，加剧标准内部供应商的竞争，从而获得了与其他技术相比更突出的优势，最终才流行起来。802.11 和 WiFi 标准化工作的代表们来自各个厂商，但他们通过一致协商通过的标准具有独立性，从而使得 WiFi 的命运也和厂商解除了绑定，最终高度标准化 WiFi 留下来了，有的参与技术发展的厂商却消失了。

由于技术门槛相对较低，产业积累充分，低功耗广域网络技术和产业的迭代周期会比 WiFi 早期快得多，在接下来的 3～5 年内主要技术的商用工作就会完成。当然，每个参与者都期待自己的公司或组织能够在这个有前景的产业上成功。上述分析表明，一个具有活力的技术标准组织是必要条件之一。然而，这并不是充分条件，反而越是有活力的标准组织，竞争将会更加充分，作为单个公司，更需要采取合适策略积极投入才能获胜。最后，不管哪个公司获得商业上的成功，这个标准组织（也可以称作平台）将会长久存在，这是产业发展的新特征之一。

3.2.2　产业生态的力量

低功耗广域网络已经形成比较清晰的产业链（见图 3.1），某一技术标准要在市场上普及，首先产业链各环节都要比较齐全，其次是产业链的参与企业要足够多，让这一标准形成大范围普及。物联网业务的产业分工更加细化，一家公司或机构无法涵盖产业链上下游的所有环节，最终需要芯片、模组、终端、通信设备、运营商、平台、软件、应用企业等各环节都要有大量企业支持该技术标准。

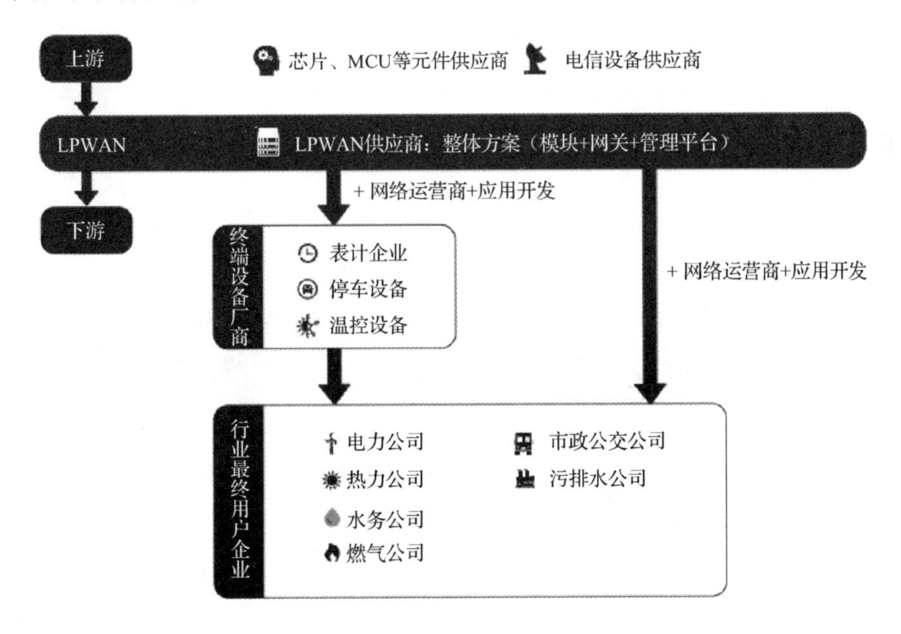

图 3.1　低功耗广域网络产业链（来源：物联网智库）

对于授权频谱的技术来说，无论是NB-IoT、eMTC还是EC-GSM，其技术标准的主导者涵盖了全球主流的芯片、通信设备、电信运营商，这些企业本身在行业中具有很强的话语权，多年以来形成了庞大的合作伙伴群体。这些拥有话语权的机构不但共同主推技术标准，而且主动合作，共同推动标准的商用，势必短期内快速形成有大量参与者的产业生态。NB-IoT从核心协议冻结到在国内商用只用了一年时间，这一年里基于“NB-IoT”俨然成为物联网领域中最热门的词汇，几乎所有物联网企业都会谈NB-IoT。产业生态的繁荣使得人们一致认可NB-IoT已成为主流低功耗广域网络标准。

不过，对于那些本身并不具备产业话语权的企业来说，不想让自己所推出的技术标准默默无闻就更不能闭门造车了。常见的方式是拉拢更多的产业链企业，尤其是有一定话语权的企业共同参与标准研发。或者通过市场化的方式，将自有的技术标准快速、低成本地授权给更多企业使用。前者比较典型的是LoRa联盟，后者比较典型的是Sigfox的做法。

以Sigfox为例，核心的通信技术标准由其一家企业完成且作为私有技术不对外公开，通过IP授权的方式给芯片、模组、终端、运营商等各环节合作伙伴，包括授权给意法半导体、Atmel、德州仪器等芯片厂商来生产符合Sigfox标准的芯片，给各国运营商授权其技术栈来部署网络。当然，这种封闭性并不代表产业生态不健全，如果商业运作手段得当，会发展大量的上下游企业与其进行密切合作，Sigfox虽然是私有技术，但目前在30多个国家和地区的商用态势表明，其产业生态政策发挥了很大作用。

大量的私有技术若没有联合大量的厂商参与标准化，也没有积极通过市场手段进行大范围授权，则很有可能只在小范围内进行应用，在各种技术标准群雄逐鹿的时间里，错过了这短短1～2年的时间窗口，则很难在全球形成广泛的产业生态，也无法成为全球主流技术。但是，由于物联网生命周期的原因，不少目前已在相当大范围应用的技术，在长时间内仍占据一定的市场份额，这将在第四章进行阐述。

3.3　不得不说的标准化组织

正如吴双力博士所述，一个具有活力的技术标准组织是必要条件之一。放眼全球，目前商用推进速度和普及程度最广的低功耗广域网络标准的背后，均有全球大量核心企业参与的标准化组织，影响力最大的当属NB-IoT/eMTC和LoRa背后的3GPP和LoRa联盟两个组织了。

3.3.1　3GPP

3GPP（第三代合作伙伴计划）成立于1998年12月，当时由美国、日本、中国、欧洲、韩国等多个最具影响力的电信标准组织签署了《第三代伙伴计划协议》，当时的目标是实现由2G网络到3G网络的平滑过渡，保证未来技术的后向兼容性。而此后增加了对LTE标准演进的研究和标准制定，包括NB-IoT、eMTC、EC-GSM均是在3GPP的主导下完成的。

3GPP 的会员体系包括组织伙伴、市场代表伙伴和个体会员。组织伙伴包括中、美、欧、日、韩各国权威的通信标准化组织；市场伙伴包括对 3GPP 提出建议和市场需求的各类组织，如大名鼎鼎的 GSMA 就是其市场伙伴；个体会员和组织伙伴有相同的参与权利，全球各知名设备商、运营商均具有 3GPP 个体会员的席位，共同参与标准规范讨论制定[1]。

对于 3GPP 在全球通信标准中的重大作用，可以通过公开资料去搜索。不过，3GPP 在促成全球统一的通信标准方面确实符合了“妥协、折中”等中庸的逻辑，很好地协调了各位巨头之间的关系。知名通信自媒体 5GNR 曾写过一篇名为《3GPP 的成功——一种高明的妥协哲学》的博文，详述 3GPP 成功的原因源自中庸之道。

第二章对 NB-IoT 的介绍中提到过整个标准的历程，5GNR 曾指出：在 NB-IoT 方案立项之初，华为、高通坚持的 C-IoT 方案与爱立信、Intel 提出的 NB-LTE 方案竞争激烈，而最终 3GPP 就对双方进行折中，提出了 NB-IoT 方案。在保证双方利益均分的前提下，3GPP 统一了所有企业的力量，加速了 NB-IoT 的进程。这一折中的哲学给技术市场化打开大门，因为对于推动 NB-IoT 的公司而言，尽早实现 NB-IoT 商用才是最重要的。

作为全球最知名的通信标准化组织，3GPP 继续致力于推动 NB-IoT/eMTC 等各类低功耗广域网络技术标准的演进，在 LTE R14、

---

1. 本段内容参考公众号“鲜枣课堂”的推文《这个神秘组织，恐怕你也听说过》。

R15 版本中增加各类技术的定位增强、多播、移动性、数据速率等内容，并推动其向着未来 5G 的低功耗大连接（mMTC）场景演进，相信未来依然是一个产业链有话语权的企业积极参与的过程，从而保证蜂窝网络在物联网领域的地位。

3GPP 对授权频谱低功耗广域网络的演进计划如图 3.2 所示。

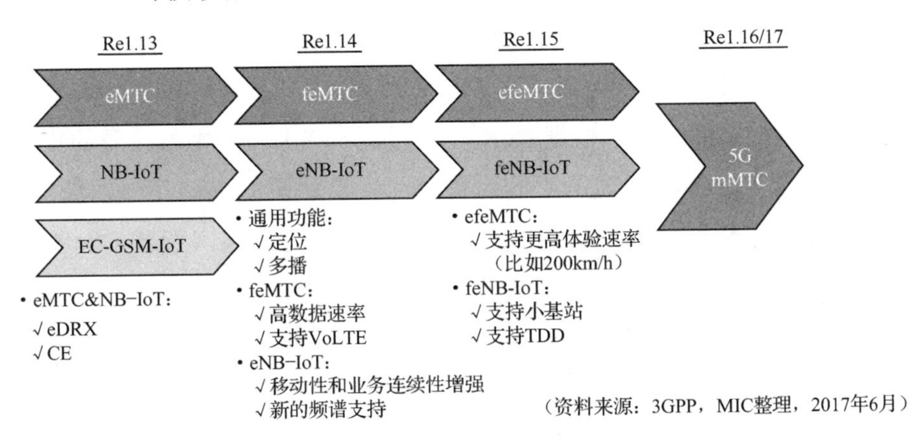

图 3.2　3GPP 对授权频谱低功耗广域网络的演进计划

3.3.2　LoRa 联盟

第二章中对 LoRa 介绍时也提到了 LoRaWAN 的一些内容，了解 LoRaWAN 是为 LoRa 远距离通信网络设计的一套通信协议和系统架构。LoRa 虽然是一个私有的扩频技术，但 LoRaWAN 协议则是一个开放的全球化标准架构，由不少参与者共同制定，而承担这一工作的就是 LoRa 联盟，旨在推动 LoRaWAN 在全球的普及。

LoRa 联盟成立于 2015 年 3 月，从成立开始，LoRaWAN 规范就在不断更新，从 1.0.0 版本已更新至 1.0.2 版本，目前能公开下载的是 2016 年 7 月完成的 1.0.2 版本，可以看到该规范的主要作者包括 Semtech 公司的 N. Sornin 和 M. Luis，IBM 公司的 T. Eirich 和 T. Kramp 及 Actility 公司的 O. Hersent，这些作者均来自联盟的董事会成员。

LoRa 联盟成员包括跨国电信运营商、设备制造商、系统集成商、传感器厂商、芯片厂商和创新创业企业等，分布在欧洲、北美、亚洲、非洲等地域（见图 3.3）。根据 LoRa 联盟统计，2016 年加入联盟的成员中，欧洲企业最多，其次是亚太地区企业。虽然成立仅两年多的时间，其联盟成员已超过 500 家，使这家联盟快速成为物联网领域的一个典范，其中包括 IBM、思科、富士康、惠普、阿里巴巴、施耐德、博世、SK 电信、Orange、中兴等各行业领军企业，也包括大量的中小企业。

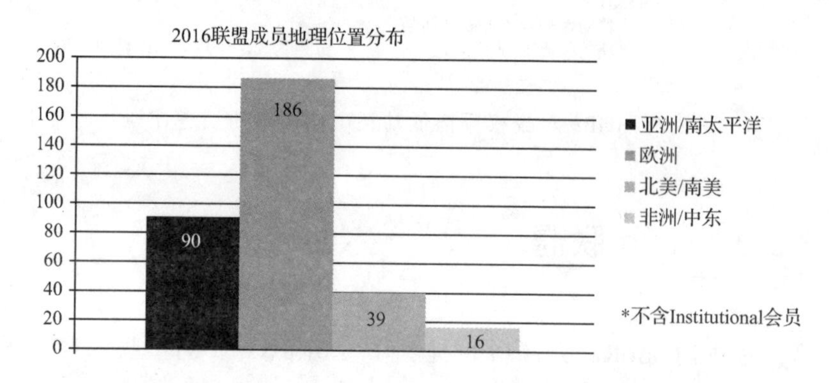

图 3.3 LoRa 联盟成员分布（截至 2016 年年底，资料来源：LoRa 联盟）

LoRa 联盟不仅是一个推动技术标准的组织，也是一个推动产业生态的市场化联盟。联盟秘书处主要分为战略委员会、技术委员会、市场委员会和认证委员会四个工作委员会，全方位致力于低功耗广域网络的标准化工作。其中，战略委员会负责联盟的发展路线图，技术委员会负责 LoRaWAN 规范的更新和技术标准的制定，市场委员会负责全球展会、会员大会、公关、品牌和媒体对接等工作，认证委员会负责联盟的认证项目和测试规范。

除了我们经常看到的 LoRaWAN 技术规范和各地市场活动外，LoRa 联盟的一个目标是希望未来基于 LoRaWAN 的终端设备可以接入全球的不同网络，实现在不同运营商网络之间的漫游。因此，认证工作是非常重要的，要确保终端符合 LoRaWAN 协议的各项功能性要求。设备制造商首先需要是 LoRa 联盟的成员，它们必须使用 LoRa 联盟授权认可的测试实验室进行性能测试，在完成所有测试后，其产品可以列在 LoRa 联盟网站上，并由联盟签发认证证明。通过认证项目，相关产品可以使用 LoRa 联盟官方认证的 Logo。目前，LoRa 联盟已授权的测试实验室分布在德国、西班牙、芬兰、美国、荷兰、日本、韩国及我国台湾等国家和地区。

LoRa 联盟有四类会员，分别为 Sponsor 会员（见图 3.4）、Contributor 会员、Adopter 会员和 Institutional 会员。其中 Sponsor 会员享有的权益最多，也可以在 LoRa 联盟董事会中占有一个席位，当然，这类会员需要缴纳 5 万美元的会费，这类会员包括阿里巴巴、中兴通信两家中国企业；Contributor 会员的会费为 2 万美元；Adopter 会员的会费为 3000 美元；Institution 会员免费，但需要向联盟提交申请，该类会员主要是一些科研单位、高校、知名实验室等组织，如国内的中科院计算机网络中心、上海微技术工研院。

图 3.4 LoRa 联盟 Sponsor 会员（来源：LoRa 联盟）

LoRa 联盟从一开始就采取中立性、市场化的社会性组织运作方式，LaRa 联盟的主席并非来自 Sponsor 成员企业，也不是来自 LoRa 技术所有者 Semtech，而是以聘请职业经理人的形式，由拥有第三方联盟运营经验的人员担任，现任 LoRa 联盟主席 Geoff Mulligan 先生曾经担任过国际标准化组织（ISO）智慧和可持续发展城市项目的美国代表，也是

IPSO（IP for Smart Objects）联盟的创始人和执行董事，而且曾经是ZigBee 联盟的创始人之一，开发了 6LoWPAN 协议。这些中立性社会组织同时也是推动物联网关键性技术的重要力量，有了这些组织创立、运营的经验，Geoff Mulligan 带领下的 LoRa 联盟在成立的两年多的时间里迅速成长为物联网领域知名的组织。

CHAPTER 4

跑马圈地：各类主流技术抢占先机

从 2015 年开始，低功耗广域网络各类玩家就在全球跑马圈地，部署网络、发展应用、开展运营。随着技术标准的持续改进和产业生态的逐步形成，这种跑马圈地的速度进一步加速，一些商用的格局逐步明朗。那么，到底低功耗广域网络在全球形成了一个什么样的格局，各类玩家跑马圈地的逻辑是什么？本章将逐一进行解读。

4.1　多样化的运营商参与跑马圈地

各类技术跑马圈地最为典型的表现是在全球各地部署广域覆盖网络，在考察跑马圈地格局之前，有必要对各类运营商进行说明。由于历史的原因，在1～2年内全球大量的运营商会各自选择NB-IoT、eMTC、LoRa、Sigfox等技术部署覆盖本国的低功耗广域网络（LPWAN），不过，低功耗广域网络的特点让网络“运营商”的群体进一步扩大，形成一些新的运营商，其网络覆盖范围形成的“地盘”及由此带来的业务范围呈现多样化，成为物联网时代的一个新的亮点。

4.1.1　多样化物联网运营商矩阵

此前，为人与人通信服务，尤其是提供无线广域网络通信的企业只有传统的电信运营商，每个国家仅有少数几家企业作为运营商，高耸地进入壁垒让这个领域的市场集中度非常高，将其他企业拒之门外。在广域和移动物联网应用需求出现后，电信运营商又承担起了这一角色，通过其拥有的蜂窝网络为物联网用户提供服务，其他企业仍然无法进入。

不过，低功耗广域网络各类技术的兴起正在打破这种格局，从目前情形看，提供低功耗广域网络连接服务已不再是传统电信运营商的“特权”，不同的网络规模和业务范围都有多个新的网络“运营商”参与进来，形成多样化的格局。

我们可以将各家运营商提供的网络覆盖的范围和面对的业务范围分别作为横轴和纵轴，形成低功耗广域网络运营商矩阵，如图 4.1 所示。

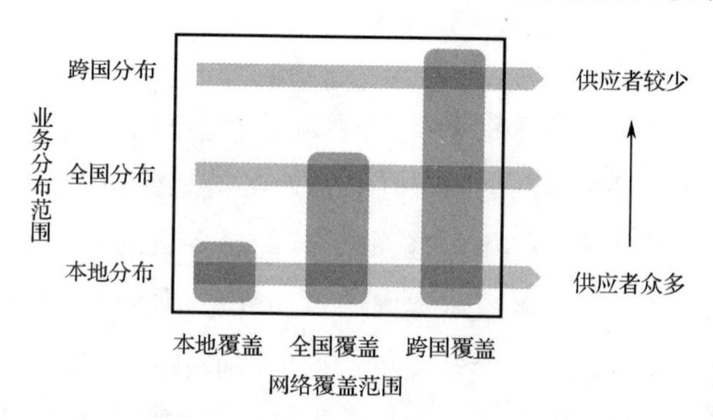

图 4.1 低功耗广域网络运营商分类

可以看出，能够提供从本地业务到全球业务的运营商的数量是递减的，如拥有本地覆盖网络的运营商只能提供本地业务，而拥有全国覆盖和跨国覆盖网络的运营商也可以提供本地业务，至于全球业务，只有拥有跨国覆盖的运营商才可以提供。

面对低功耗广域物联网业务，传统电信运营商群体主要提供跨国覆盖和全国覆盖的网络，而我们熟知的 LoRa、Sigfox 等非授权频谱技术的兴起和普及，让大量非运营商的企业可以提供本地网络和全国性网络，甚至开始进入跨国网络覆盖的行列。

4.1.2 三类典型的物联网运营商

从网络覆盖的角度来看，存在三类低功耗广域网络运营商：跨国覆盖、全国覆盖和本地覆盖。这三类的覆盖范围也决定了其业务范围，就目前来看，各类运营商中已形成典型的代表。

跨国低功耗广域网络运营商

跨国覆盖典型的代表是几家已经在全球多个国家拥有蜂窝网络的主流运营商，包括沃达丰、德国电信、西班牙电信等，它们本身在欧洲、非洲、亚洲、拉美等地数十个国家拥有自己的移动通信网络。

在低功耗广域网络出现之前，这些拥有跨国网络的运营商就持续为全球客户提供全球化的 M2M 物联网服务。例如，沃达丰多年前就为世界各地的客户提供全球机器通信 SIM 卡和 GDSP 连接管理平台，更为重要的是，其在全球近 30 个国家运营的网络，让面向全球市场的客户投放在这些国家的设备都有稳定的网络连接，形成从终端接入到平台化连接管理的端到端连接服务。当然，当这些运营商部署低功耗广域网络后，这些接入、连接管理能力仍然是其固有的能力，可以直接用于低功耗广域网络设备的管理。

在授权频谱低功耗广域网络标准研发中，这些运营商本来就是积极的支持者甚至是参与者，第二章的内容提到过，沃达丰早在 2014 年就和华为提出了 NB-M2M 标准，并推动其演进，最终形成 NB-IoT 标准。在 NB-IoT 商用阶段，运营商更是主力，在不少国家开始了 NB-IoT 商用，而且在 eMTC 方面也有一些规划。未来这些运营商仍会面对各国有全球化业务的客户，提供全球化低功耗广域网络服务，当然，中国大量的外向型企业和出口的强劲，会成为这些全球化运营商重点布局的市场，如沃达丰物联网事业部在中国拓展的重点客户就是那些面向海外出口的各类厂商。

除了这些主流运营商以外，Sigfox 称得上是为物联网设备提供跨国网络服务的新型运营商，目前已在 32 个国家和地区部署网络，在部分国家授权给当地非主流运营商部署，部分由自己来部署。

全国性低功耗广域网络运营商

在这个群体中，由于历史的原因，电信运营商依然是主力，它们本来拥有覆盖全国的蜂窝网络基础设施，不少拥有 LTE FDD 网络的运营商通过低成本的升级即可部署全国性的 NB-IoT 或 eMTC 网络。即使是如法国 Orange、韩国 SK 和日本软银等运营商选择 LoRa 来部署低功耗广域网络，也仍然复用了其站址、电源等基础设施，部署成本也大大下降。

不过，非授权频谱技术降低了其他企业开展网络部署运营的门槛，近年来各国出现了大量非电信运营商企业开始部署全国性的物联网。比较典型的是美国最大的数字电视运营商 Comcast 部署覆盖美国全国的 LoRaWAN 网络。类似非电信运营商企业部署全国覆盖的网络，在欧洲、东南亚等国也有大量的实践。国内第四大宽带运营商鹏博士也宣布将部署覆盖全国主要城市的 LoRa 网络。

新兴的全国性物联网运营商面向拥有全国性业务的客户，当然也可以给本地客户提供连接服务。目前的电信运营商面对物联网业务，为了避免进一步管道化，不断探索更多业务的服务，这些新兴的运营商也一样，在成立初期就需要对自身商业模式有清晰的定位。电信运营商提供从高速宽带到低功耗广域网络的不同级别的网络服务，业务类型相对丰富，可以通过各种业务协同来保证总体收入；而这些新兴的运营商若作为独立公司，其主要提供低速物联网连接服务，业务类型相对单一，比电信运营商的生存环境更加严峻。

本地低功耗广域网络运营商

大量采用非授权频谱技术部署某个城市、主要区域覆盖的厂商形成了本地低功耗广域网络运营商。低功耗广域网络领域因为有了这些本地化的运营商，参与者变得越来越丰富，才让用户接入网络的选择性更加多样化。

目前，国内外这种城市级或区域级的本地低功耗广域网络已有不少，就国内来说，北京、上海、杭州、厦门、中山等城市基于LoRa的城市级低功耗广域网络已初步形成，在不久的将来将开展运营服务。这些本地网络对电信运营商也形成了一定的冲击，接下来的运营在于产业生态、成本及应用部署速度。

物联网用户中存在大量本地化特征明显的群体，如社区、建筑、消防、城市公用事业等，这些用户对本地化服务的需求要求较高，不少用户可能需要私有的企业级专用网络，这就形成了更小的本地网络运营商。不少部署并运营城市、区域网络的厂商，运营初期往往聚焦于少量行业的用户，提供较好的本地化服务，而且除了连接服务外，这些厂商会更加注重提供包括感知、模组、设备、云平台的端到端解决方案，加速各类用户接入其网络。目前，国内东方明珠、升哲科技、NPLink、罗万科技、广州中科院计算机网络中心等机构已在这方面开展探索。

低功耗广域网络运营商的多样化，带来的是用户选择的多样化，这一领域还在不断发展中，肯定会有更多的竞争性力量加入，最终要让市场这只“看不见的手”来引导物联网的发展。多样化运营商形成后的产业竞争状况，将在第五章产业组织部分详细探讨。

4.2 商用现状——各类技术已圈到的“地盘”

从目前的态势来看，在全球跑马圈地效果最为明显的是基于授权频谱的NB-IoT/eMTC、LoRa和Sigfox三大技术，这里主要考察一下选用这三类技术已经部署或正在部署的网络和商用情况。

4.2.1 授权频谱技术NB-IoT/eMTC的“地盘”

1. 商用地图

授权频谱的NB-IoT/eMTC技术得到了全球主流运营商的青睐，从标准冻结后就马不停蹄地开始布局开放实验室、外场测试、现网测试、预商用等各项工作，目前布局状况如图4.2所示。

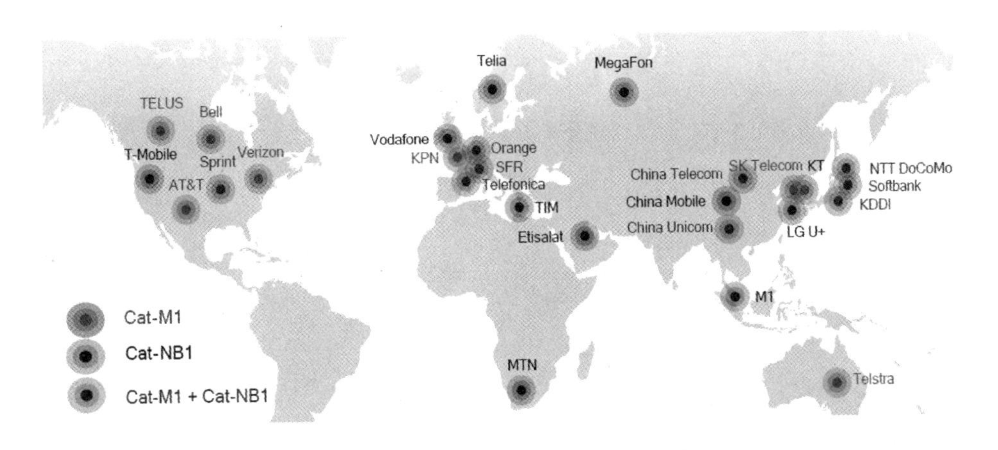

图 4.2　截至 2017 年 6 月 NB-IoT/eMTC 全球部署情况（来源：美国高通）

基于授权频谱技术的网络部署主要由传统的电信运营商完成，主要是一些全球性或全国性的运营商。图 4.2 展示了选择 NB-IoT/eMTC 技术正在部署网络的运营商的布局，全球已有 20 家以上的主流运营商开始部署，这些运营商均为所在国的知名运营商。可以看出，西欧、东亚、北美三个区域最为积极，基本上这些国家主流运营商都有商用的计划。其中，有不少运营商同时部署 NB-IoT 和 eMTC 网络，包括日本的 NTT DoCoMo、Softbank（软银）、KDDI，欧洲的西班牙电信及北美的 Sprint。

在 2017 年之前，NB-IoT 在技术研发、标准冻结、商用支持、布局速度等各方面都快于 eMTC，不过，随着 NB-IoT 商用场景中不足之处的逐渐显现，产业界对于 eMTC 的热情也高涨起来。

2. NB-IoT 和 eMTC 的互补性和替代性的发展

之前，我们看到更多的是 NB-IoT、LoRa、Sigfox 等不断跑马圈地的格局，不过，这一市场格局在 2017 年就面临着重构。在巴塞罗那召开的世界移动通信大会期间，AT&T、Verizon、KPN、西班牙电信等 9 家主流运营商共同宣布支持 eMTC，代表着另一低功耗广域网络的市场版图开始强势扩大。在 NB-IoT、LoRa、Sigfox 还在努力部署网络和扩展应用场景的时候，eMTC 的扩张给它们带来的是互补性和替代性的双重效应，而 eMTC 和 NB-IoT 之间的互补作用使得授权频谱低功耗广域网络技术能够覆盖低速率和中低速率的大部分应用。

纷繁的各类术语

第二章中对 eMTC 做过一个简单的介绍，出现了多个术语，如 Cat. M、eMTC、LTE-M 等，由于 eMTC 处于 LTE 后续演进路线上，因此从不同角度有不同称呼。从 LTE 演进来看，LTE-M 是基于 LTE 网络演进的专用于机器通信的物联网标准，在不同标准版本中有不同称呼，R13 版本中称作增强的 MTC，即 eMTC；从网络性能规范来看，LTE 网络可以根据用户所使用的设备类别（Category，Cat.）来定义网络性能规范，类别越高数据传输速率越高，类别越低数据传输速率越低，如 Cat.0 的速率为 1Mbps，而 Cat.8 的速率可达到 3Gbps，在 Cat.0 以下，标准化组织推出专用于机器对机器通信的 Cat.M1，就是 LTE-M。从这个过程来看，LTE-M、eMTC、Cat. M1 三个术语在现阶段是等同的。

NB-IoT 在 2016 年 3GPP 组织的 R13 版本中冻结，实际上 eMTC 核心标准也在 R13 版本中冻结。和 NB-IoT 类似，eMTC 也大幅降低了蜂窝网络的复杂性，可以实现低功耗、广覆盖、大连接和低成本，如电池续航时间也可以做到 5～10 年。不过，eMTC 速率可达到 1Mbps，并支持移动性、定位、业务联系性和语音等特征，而且支持 FDD 和 TDD 两种模式。

正是由于这些与NB-IoT不同的特征，让eMTC可以在不少NB-IoT无法有效发挥作用的场景中得到应用，如智慧物流可以及时检测和定位，将物流信息上传至平台；可在穿戴设备应用中，发挥定位、语音的功能；还有电梯、电子广告、资产跟踪管理等。而NB-IoT目前主要应用于相对固定的场景，从这个意义上来说，eMTC的商用可以和NB-IoT形成非常好的互补，覆盖低速率和中速率的广域物联网业务，这是互补性的一面。不过，eMTC低功耗、广覆盖的特点，在不少NB-IoT应用的场景，借助eMTC也可以实现，这在一定程度上对NB-IoT具有替代性。

运营商网络部署的分化

正如前面提到的，2017年2月27日的世界移动通信大会期间，AT&T、KPN、KDDI、NTT DOCOMO、Orange、Telefonica、Telstra、TELUS和Verizon这9家主流运营商宣布支持eMTC的全球部署。这些运营商确保eMTC能够支持漫游和基于标准的本地服务，目前正在参与试点、物联网开放实验室和入门工具包发布等多种活动，支持并加快模块与终端的生态系统发展。

知名市场研究公司Analysys Mason在2017年1月份发布的监测数据揭示了全球LPWAN网络部署状况：全球已有36个国家和地区进行了LoRa网络的部署，25个NB-IoT商用网络正在由主流运营商部署，而Sigfox已扩展到了32个国家和地区。而本次9家运营商联合声明给eMTC阵营注入了主流运营商的力量。不难发现，AT&T、Verizon、TELUS占据了美国、加拿大、墨西哥等北美主要市场，Orange、KPN、Telefonica对欧洲和中东的市场有很大影响，KDDI、NTT DoCoMo占据了日本主要市场，Telstra 在澳洲具有影响力，可以说，经过这些运营商的努力，eMTC 将被带到全球四大洲中，未来可能还有不少主流运营商加入这一阵营，让全球低功耗广域网络市场格局中 eMTC 的力量逐渐增多。

从全球部署来看，北美的运营商更倾向于先部署 eMTC，NB-IoT 的优先级不高；另外，已经采用 LoRa 部署低速率物联网的运营商也倾向于快速部署 eMTC，实现从低速率向中速率场景的扩展，如 Orange、KPN 这些已经实现了 LoRa 部署的运营商。预计 SK 电信、TATA、软银等优先部署 LoRa 网络的运营商未来也会部署 eMTC 网络。

充分利用互补和替代关系发展产业生态

前面提到，eMTC 在需要移动性、定位和一定网络速率的场景下应用，补足了 NB-IoT、LoRa 等的一些短板，形成互补性。但 eMTC 也适用于一些相对固定和低速率的业务场景，对 NB-IoT、LoRa 形成了一定的替代性。不过，这种互补性和替代性依赖于各运营商网络规划战略及物联网业务上的策略，往往呈现此消彼长的状况。

对于那些已部署了 NB-IoT、LoRa 的运营商来说，在其 LTE 网络上升级支持 eMTC 可以给其物联网用户带来更丰富的网络解决方案，此时其对于低速率和中速率两个网络可以做到互补性的协调；对于直接部署 eMTC 网络的运营商来说，这个网络在一定程度上对其他运营商的 NB-IoT、LoRa 网络形成了一定的竞争压力。

不过，eMTC 的各种特征更是对现有基于 2G 网络的物联网应用的强势替代，因为 eMTC 具备了 2G 网络的速率和语音特征，且在一定程度上的移动性、定位能够有效用于物与物的通信，因此 eMTC 的部署也和 2G 网络退网计划有了一定的联系。从本次宣布支持 eMTC 网络的运营商中不难看出它们对 2G 网络替代的一些特征：AT&T 宣布 2017 年 1 月 1 日正式关闭 2G 网络，Verizon 明确 2G 退网计划，从 2009 年开始 NTT DoCoMo、KDDI 就陆续宣布停止 2G 服务，Telstra 宣布关闭 2G 网络。2G 的退网有利于腾出资源用于发展 LTE 和物联网，eMTC 就成为这一计划的组成部分。

值得注意的是，由于 eMTC 支持 TDD，对于那些部署了 TD-LTE 网络的运营商来说，也可以快速进行部署。早在 2016 年 10 月，中国移动就宣布联合爱立信和高通启动国内首个基于 3GPP 标准的 eMTC 端到端商用产品的实验室测试。2017 年 3 月，华为联合高通，采用高通 MDM9206 调制解调器，在其 TDD IoT 实验室打通 TDD eMTC 标准协议的空口 First Call，推动了基于 TDD 的 eMTC 产业化进程。从这方面来看，不远的将来全球最大的 TD-LTE 运营商中国移动商用 eMTC 的可能性很大。

3. 主要运营商的部署过程

从图 4.2 所示的“商用地图”中可以看到主要运营商的选择，由于相当一部分的运营商属于跨国运营商，因而实际上整个“商用地图”的范畴并不仅限于这些运营商总部所在国。另外，由于运营商的部署经过了一个复杂的历程，所以有必要对主要运营商部署过程进行汇总，如图 4.3 所示。

国　　家	运　营　商	物联网技术					
		LoRa	Sigfox	LTE Cat-1	LTE Cat-0	eMTC/LTE-M (Cat M1)	NB-loT (Cat NB1)
澳大利亚	Telstra						
奥地利	德国电信						
	Telekom						
白俄罗斯	Velcom						
比利时	Orange						
加拿大	Bell						
	Telus						
中国	中国移动						
	中国电信						
	中国联通						
克罗地亚	德国电信						
法国	Orange						
德国	德国电信						
	Vodafone						
希腊	德国电信						
匈牙利	德国电信						
爱尔兰	Vodafone						
意大利	Telecom Italia						
日本	KDDI						
	NTT DoCoMo						
	Softbank						
墨西哥	AT&T						
荷兰	德国电信						
	KPN						
	Vodafone						
新西兰	Spark						
	Vodafone						
波兰	德国电信						
斯洛伐克	德国电信						
西班牙	Orange						
	Telefonica						
	Vodafone						

图 4.3　基于授权频谱技术的部署情况

国　　家	运　营　商	物联网技术					
		LoRa	Sigfox	LTE Cat-1	LTE Cat-0	eMTC/LTE-M (Cat M1)	NB-IoT (Cat NB1)
韩国	KT						
	LG U+						
	SKT						
英国	BT						
	EE						
	O2						
	Three						
	Vodafone						
美国	AT&T						
	Sprint						
	Verizon						

计划部署
正在部署

图 4.3　基于授权频谱技术的部署情况（续）

欧洲巨头之间的竞赛

提起欧洲，不得不说的是沃达丰和德国电信两家全球势力范围最广的运营商。

早在 2016 年 10 月份，沃达丰就宣布了其 NB-IoT 部署计划，即从 2017 年第一季度开始在欧洲主要市场推出 NB-IoT 网络，第一批商用网络将在德国、爱尔兰、荷兰和西班牙推出，随后是其他市场，计划到 2020 年在其全球业务范围内实现 NB-IoT 网络的全覆盖。到本书截稿时，沃达丰已经在荷兰、西班牙、爱尔兰和澳大利亚四个国家商用了 4 个 NB-IoT 网络。沃达丰认为 NB-IoT 的优势在于可以利用现有的网络基础设施进行升级，即通过软件升级，现有 85%的基础设施就可用于部署 NB-IoT 网络。

在此之前，沃达丰首次在一个商用网络上完成了其 NB-IoT 试验，沃达丰西班牙公司成功实现了在对马德里沃达丰广场停车位上传感器的连接时，通过一款智能手机 App，可显示停车位是否已被占据。而早些时候，沃达丰澳大利亚公司也在墨尔本市中心和郊区的现网进行了 NB-IoT 试验。

2017 年 1 月，沃达丰在西班牙的 6 个城市正式商用 NB-IoT 网络，该网络是在现有 800MHz 频谱基础上进行部署的，当时该沃达丰预计第一季度结束时将有 1000 余个移动基站支持 NB-IoT 网络，每个基站大约可以接入 10 万个终端。此外，沃达丰还在西班牙同超过 15 家公司进行合作谈判，这些公司大多数是公共事业公司，如西班牙水务公司 Aguas de Valencia，该公司希望借助沃达丰的 NB-IoT 网络实现智能抄表。

虽然沃达丰是全球 NB-IoT 最积极的推动者之一，但并非是首个推出商用网络的运营商。在 2016 年 10 月，T-Mobile 在荷兰推出 NB-IoT 商用网络，抢在沃达丰之前成为世界上首个推出商业 NB-IoT 网络的运营商。

作为沃达丰的竞争对手，德国电信在 NB-IoT 商用方面的动作也非常大。2017 年年初，德国电信就宣布将在 8 个欧洲国家推出 NB-IoT 网络，首先于 2017 年第二季度在德国商用，接下来将在荷兰、奥地利、克罗地亚、希腊、匈牙利、波兰和斯洛伐克等市场陆续推出。德国电信后来而居上，推进速度更快。加上德国电信在德国推出了 NB-IoT 套餐，再一次加快商用速度。

美国运营商的 eMTC 情结

从前面的分析中我们了解，美国运营商更加倾向于部署 eMTC 网络，而对于 NB-IoT 暂时没有明确的计划。最为典型的就是 AT&T 和 Verizon 这对老冤家在 eMTC 网络上的竞赛。

2017 年 3 月 31 日，Verizon 宣布推出首个全国性 LTE Cat M1 商用网络，即 eMTC 网络。Verizon 公司的物联网总覆盖面积将达到 621 万平方千米，运行在虚拟化云技术环境中。由于 eMTC 是低中速的移动通信网络，但因连接的物联网设备数量极其庞大，因此也是对应于大量数据的技术。这个网络可用于可穿戴式设备、资产跟踪、远程信息处理、医疗保健等服务领域，且其通信收费可按数年分摊，与设备的生命周期匹配，一台设备 Verizon 无线网络的使用费每月大约为 2 美元左右。

两个月后，Verizon 竞争对手 AT&T 宣布将在美国全国范围内推出 eMTC 网络，此外，AT&T 还计划于 2017 年年底前在墨西哥部署 eMTC 网络，覆盖超过 4 亿人口。同时，AT&T 宣布推出新的 eMTC 速率套餐计划，每个设备的月资费起步价低至 1.5 美元，也会以低至 7.5 美元/个的价格从供应商处获得 eMTC 模块，其中包含一张 SIM 卡，这是 AT&T 在 2016 年与其供应商合作推出的 LTE Cat 1 模块价格的一半。

不过，美国第三大运营商 T-Mobile 似乎对 NB-IoT 更加青睐，2017 年已经开始对 NB-IoT 进行投资。而另一家规模相对较小的运营商 Sprint 在 5 月份表示将在 7 月底之前在美国范围内完成 LTE Cat 1 技术部署，并计划在 2018 年年中开始部署 eMTC，随后再推出 NB-IoT。

可以看出，除了 T-Mobile 以外，北美的运营商在 eMTC 上的态度比较坚决，而对于 NB-IoT 的态度似乎有些含糊不清。

中国运营商来创造世界之最

在过去的 30 年中，中国的移动通信网络部署和商用时间均落后于海外主要国家，但这次对于物联网的建设和运营则和发达国家同步，甚至还快于发达国家。

就在海外运营商还在为某几个城市开通了 NB-IoT 商用网络大力宣传的时候，2017 年 5 月 17 日世界电信日期间，中国电信宣布建成全球最大的 NB-IoT 商用网络，完成 31 万个 NB-IoT 基站升级；同年 6 月，中国电信发布了全球首个 NB-IoT 商用套餐，宣布全球最大的 NB-IoT 网络正式商用。从 2016 年 6 月核心协议冻结，中国电信经历了启动 800M 工程、启动测试实验、发布 NB-IoT 企业标准、开展外场测试、启动网络升级等一系列活动（见图 4.4），一个全球规模最大、覆盖范围最广、最早发布商用套餐的 NB-IoT 网络呈现在世人面前。

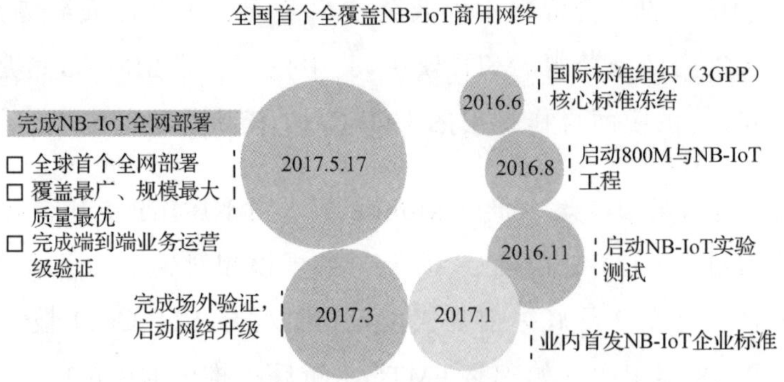

图 4.4 中国电信 NB-IoT 发展历程

中国联通已经在上海、北京、广州、深圳等 10 多个城市开通了 NB-IoT 试点。其中，上海联通已经在 2017 年世界电信日期间开启了

NB-IoT 试商用。不过，虽然中国联通 NB-IoT 试点启动较早，但由于一些现实的问题，其部署和商用速度不快。第二章曾提到过，无线电频谱对低功耗广域网络有重大影响，中国联通虽然可以在其 FDD 网络上直接升级 NB-IoT，但联通可部署 NB-IoT 网络主要在 900MHz 和 1800MHz 频段上，而 900MHz 这一优质频谱资源带宽只有 6MHz，NB-IoT 网络建设大大受限，不得不将超过 80%的 NB-IoT 基站部署在 1800MHz 频段，这个频段覆盖范围比 800MHz 和 900MHz 小很多，且 1800MHz 的 NB-IoT 产业链并不成熟。另外，中国联通的资金实力也给快速部署 NB-IoT 带来了一定困难，不过，随着中国联通混合所有制改革方案的出炉，联通短期资金会得到补充，NB-IoT 网络的部署估计会加快速度。

不同于中国电信和中国联通，此前，中国移动在 NB-IoT 方面一直处于“举棋不定”的状态，主要源于现有的 NB-IoT 标准仅支持 FDD 网络，早在 2016 年 6 月 NB-IoT 核心协议冻结之初，就有人提出“中国移动必须获得 FDD 牌照，否则无法实现 NB-IoT 商用”，根据 3GPP 的规划，到 R15 版本中，NB-IoT 协议才会加入对 TDD 的支持，中国移动大规模商用 NB-IoT 网络没有政策的支持。不过，随着 2017 年 6 月 5 日工业和信息化部 27 号文的发布，监管部门允许“在已分配的 GSM 或 FDD 方式的 IMT 系统频段上，电信运营商可根据需要选择带内工作模式、保护带工作模式、独立工作模式部署 NB-IoT 系统”。政策上允许对 GSM 网络进行重耕，中国移动可以选择独立部署 NB-IoT，虽然在重耕基础上部署 FDD 网络只能用于 NB-IoT 系统的部署和承载 NB-IoT 的业务，但已经扫清了没有牌照就无法商用的障碍。

于是，在 2017 年 8 月初，中国移动采购招标平台发布了两条重磅采购公告，分别是“中国移动 2017—2018 年蜂窝物联网工程无线和核心网设备设计与可行性研究集中采购”及“2017—2018 年窄带物联网天线集中采购项目”，如图 4.5 和图 4.6 所示。

中国移动 China Mobile 中国移动采购与招标网 2017-08-05 星期六 10:14:47 请输入检索关键词

首页 招标采购公告 供应商公告 政策法规 服务中心 法律声明

中国移动2017-2018年蜂窝物联网工程无线和核心网设备设计与可行性研究集中采购_招标公告

项目	预估工程费1（设计费计价基数）单位：万元	预估工程费2（可研计价基数）单位：万元	预估勘察费（无折扣）单位：万元
中国移动2017-2018年蜂窝物联网工程无线和核心网设备设计与可行性研究集中采购项目	3950000.00	3950000.00	156000.00

图 4.5　中国移动蜂窝物联网采购公告

中国移动 China Mobile 中国移动采购与招标网 2017-08-05 星期六 10:14:47 请输入检索关键词

首页 招标采购公告 供应商公告 政策法规 服务中心 法律声明

2017-2018年 窄带物联网天线集中采购项目_招标公告

标段	包段	产品名称	产品单位	需求数量
标1	包1	1800四通道天线	面	31186.00
标1	包1	1800四通道电调天线	面	76150.00
标1	包1	900四通道电调天线	面	392237.00
标1	包1	900四通道天线	面	278326.00
标2	包1	“4+4” 900/1800双频电调天线	面	332949.00

图 4.6　中国移动 NB-IoT 基站天线采购公告

具体来说，中国移动蜂窝物联网工程无线和核心网设备设计与可行性研究集中采购项目工程的投资高达 395 亿元，其中工程勘察费就达 15.6 亿元。

而 2017—2018 年的 NB-IoT 天线招标预估的总量为 111 万副，主要采购的是NB-IoT单频（900MHz）天线、NB-IoT双频（900MHz/1800MHz）天线。

经过长时间的“举棋不定”，这次中国移动总部在两天时间里连续发布两个重磅的采购意向，向全面建设物联网吹响了集结号，毕竟各种会议、PPT、打嘴仗只是纸上谈兵，而拿出实实在在的真金白银才是最能体现决心的。2017年6月28日世界移动通信大会期间，中国移动副总裁沙跃家表示，中国移动计划在2017年内实现全国范围内NB-IoT的全面商用。在重金支持下，相信这一宣言不会落空，而届时这家全球最大的运营商会建成一个全球最大的物联网，再次创下世界之最。

4．运营商已发布套餐资费

目前，全球已有多家商用NB-IoT/eMTC运营商发布了资费套餐计划，这些“吃螃蟹者”的试水为全球运营商提供了宝贵的经验。

中国电信的“全球首个NB-IoT套餐”：以连接为基础的资费体系

在商用套餐资费方面，中国电信走在了全球前列，2017年6月20日，中国电信推出了“全球首个NB-IoT套餐”。套餐具体内容如图4.7所示。

连接服务费	包年套餐（元/户/年）	生命周期套餐（元/用户）						
		2年	3年	4年	5年	6年	7年	8年
	20	35	50	65	80	90	100	105
高频功能费	20元/户/高频使用							

说明：高频功能费指合同期的每合同年内，每达到20000次连接频次所收取的高频使用费用。

图4.7　中国电信NB-IoT资费套餐

可以看出，该费用是以连接数为基础来收取的，分为两类套餐：

- 包年套餐，即每年固定的费用，单用户 20 元/年的连接服务费；
- 生命周期套餐，即按照多年累计的套餐费用，单用户按 2~8 年共分成 7 个挡位，其中最长的 8 年只需 105 元，相当于一年只要大约 13 元。

此外，在连接服务费以外还设定了一个高频功能费的叠加包，每达到 20000 次/年（计算下来平均半个小时产生一次数据流量）就定义为高频使用，在高频使用情况下每个用户需叠加 20 元/年。

中国电信的 NB-IoT 套餐明显没有以流量为依据，而是以连接为依据。由于 NB-IoT 应用场景更多是低速、低频、小流量的业务，流量并不是其显著特征，按流量计费无法体现出 NB-IoT 的价值。

美国的 eMTC 资费：以流量为基础的资费体系

在美国运营商 AT&T 宣布建成覆盖全美的 eMTC 网络的同时，制定了 eMTC 业务套餐，分为 1 年、3 年、5 年、10 年和月套餐包五种类型，每个套餐包包含一定的数据流量。表 4.1 和表 4.2 为其 1 年套餐和月度套餐。

表 4.1　美国 AT&T eMTC 年度套餐

1MB	12MB	60MB
$16 一次性收费	$45 一次性收费	$60 一次性收费
无激活费	无激活费	无激活费
条件：在网 36 个月	条件：在网 36 个月	条件：在网 36 个月

表 4.2　AT&T eMTC 月度套餐

0KB	500KB	1MB
$1.50/月	$2.50/月	$4.25/月
激活费：$2.00 超出部分费用：$2.49/MB	激活费：$2.00 超出部分费用：$2.49/MB	激活费：$2.00 超出部分费用：$2.49/MB
条件：月度收费	条件：月度收费	条件：月度收费

月度套餐中包括 0KB 的套餐，即没有任何流量，仅提供连接，而这一资费需要每月 1.5 美元，还需要 2 美元的激活费，和其他月费套餐一样，超出部分流量按 2.49 美元/兆字节收费。而年度套餐可以免激活费，但是按照流量一次性收费，16 美元套餐流量限额为 1MB，以此类推。最高的是 10 年套餐中限额 600MB 的资费，费用为 500 美元。

Verizon 也给出了类似的 eMTC 资费体系，总共分为三挡，具体资费分别如表 4.3 所示。

表 4.3　Verizon eMTC 套餐体系

A 类套餐	限额	200 KB		500 KB		
	月基本费	$2.00		$3.00		
	超出费率/MB	$1.00				
1 类套餐	限额	1 MB	5 MB	25 MB	50 MB	150 MB
	月基本费	$5.00	$7.00	$10.00	$15.00	$18.00
	超出费率/MB	$1.00				
2 类套餐	限额	250 MB	1 GB	5 GB	10 GB	
	月基本费	$20.00	$25.00	$50.00	$80.00	
	超出费率/MB	$0.015				

Verizon 的 eMTC 套餐也是以流量为基础来收费，超出部分根据流量另外付费，如最低挡每月每设备接入费用为 2 美元，内含 200KB 流量，超过流量按 1 美元/兆字节收费；最高挡每月每设备接入费用为 80 美元，内含 10GB 流量，超出流量仅按 0.015 美元/兆字节收费。不过，Verizon 未给出多个年度的生命周期套餐。

总体来说，两家运营商的 eMTC 套餐都是以流量为基础的。由于 eMTC 的速率可以达到 1Mbps，且不少应用场景的使用频率较高，因此具有进行流量经营的条件。

德国电信 NB-IoT 资费：接入+云服务资费

德国电信作为欧洲运营商的代表，是 NB-IoT 的大力推动者，其发布的 NB-loT 资费套餐，主要分为两挡。

- NB-IoT 接入：这是一种只提供连接的套餐包，起步价为 199 欧元，包含 25 张 SIM 卡，每张 SIM 卡 500KB，6 个月起。
- NB-IoT 接入及物联云：这是一个服务更全面的套餐包，除了 NB-IoT 接入服务外，还可接入德国电信的物联网云平台，实现设备管理、数据采集和分析等功能，起步价为 299 欧元。

从以上已推出的套餐来看，大部分运营商依然延续传统的流量计费模式，而中国电信则独创连接计费模式。当然，对于 eMTC 这类能够产生一定数据流量的网络来说，通过流量计费有一定的合理性。

5. 连接规模和连接费用倒挂的窘境

各类商用套餐为低功耗广域网络商业模式试水提供了依据，但仅靠连接能够为运营商在物联网时代带来新的增长点吗？当然不是，还要从连接数和收入数的对比来算起。

在多个场合中可以分析出专家和研究机构对未来物联网连接数的预测数，到2020年基于蜂窝网络的连接将达到30亿，这30亿连接数构成了移动运营商连接收入的基础。不妨借现有M2M连接的收入递推一下未来这些蜂窝连接数所带来的收入。

根据各类物联网终端对网络传输速率要求的不同，对于运营商来说，一般认为通过NB-IoT接入的低速率终端数量为70%，通过eMTC接入的中速率终端数量约超过20%，通过3G/4G接入的高速率终端数量不足10%，形成由低速到高速的金字塔形状。

然而，由于NB-IoT接入终端产生的数据流量极少，每个连接的成本敏感性高，故直接带来的连接收入并不高。从上面提到的中国电信发布的全球首个NB-IoT套餐可以看出，单个连接每年收入最高才20元，平均ARPU值不足2元；而用于车联网、视频监控等高带宽、低时延的终端由3G/4G接入，其每月流量预计处于上升状态，这一群体形成运营商流量经营的主体，若按平均1吉字节/月流量计算，这些终端平均ARPU值将达到NB-IoT终端的20～50倍。以此推算，虽然通过NB-IoT接入的终端数量占蜂窝连接的70%，但未来运营商在连接方面的收入核心主体仍来自于仅占10%的高带宽终端，即70%终端产生10%的连接收入，10%终端产生70%的连接收入，形成一个倒金字塔的形状

（见图 4.8）。

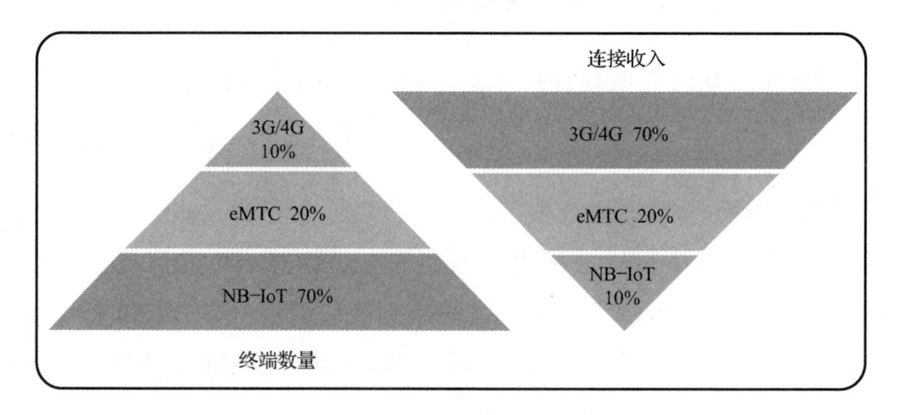

图 4.8 运营商物联网终端数和收入金字塔结构的对比

终端数量和连接收入的结构如图 4.8 所示。可以推测，未来基于蜂窝网络的物联网市场中，仅从连接来看，这种终端数量和收入倒置的状态将长期存在。根据工信部于 2017 年 6 月发布的《关于全面推进移动物联网（NB-IoT）建设发展的通知》中的要求，到 2020 年 NB-IoT 的总连接数超过 6 亿，若仍然按照 20 元/年/连接来计算，到 2020 年基于 NB-IoT 的连接收入仅为 120 亿元。而根据三大运营商的财报，2016 年三家运营商年收入超过 1.2 万亿元，而流量收入是其最大的收入来源，到 2020 年三家收入总额应该比这个数字更大。以此来看，NB-IoT 的连接收入给运营商带来的增量收入微乎其微。

在移动互联网为流量主导的时期，运营商为产业链提供智能管道，努力通过流量经营来实现更多增值。而在物联网时代，尤其是当蜂窝连接更多地通过低功耗广域网路接入时，仅提供一个智能管道会更快速地陷入增量不增收的泥潭。基于此，国内外的运营商将物联网设备管理平台作为其核心能力建设，并基于设备管理平台为各类第三方应用管理平台提供基础能力，从“管”的提供者向“云”的提供者延伸。另外，面向不同行业、不同应用场景提供定制化物联网卡、通信模组，也向终端领域延伸。以此看来，从智能管道向“云—管—端”综合方案转变，成为运营商在物联网业务中的主要方向，此时的营收可以向网络的上下游延伸，这也是运营商在 NB-IoT 领域跑马圈地后必须思考和面对的。

4.2.2　草根 LoRa“逆袭”，“地盘”遍及全球

前面提到，LoRa 是传统芯片企业 Semtech 从法国创业公司手里收购的技术。在所有芯片企业中，Semtech 可以说是一家默默无闻的企业，每年 5 亿美元左右的营收并不能使它进入主流芯片企业行列。关于 Semtech，将在后面章节中专门介绍。而 LoRa 在物联网领域中的名声越来越响亮，在全球所占的“地盘”也越来越多。

商用地图

LoRa 联盟官方发布的最新数据显示，目前已有 47 家运营商宣布部署 LoRa 网络，有 350 个城市正在进行试验和部署。

和授权频谱 NB-IoT/eMTC 类似，开展 LoRa 部署的国家和地区也主要位于亚太、欧洲和北美。不过，与部署 NB-IoT/eMTC 网络的主体比较起来，选择 LoRa 的主流电信运营商数量不多，但是，由于 LoRa 网络的灵活性，不少非传统电信运营商也可以部署和运营，出现了很多新型运营商。

目前，实现全国覆盖的主要是韩国 SK 电信、荷兰 KPN 等少数几家，其余都在试点或局部部署中。

扩大化的运营商

由于非授权频谱广域网络的出现，网络“运营商”已不再是传统电信运营商所独有的。原有的 2G/3G/4G 网络需要覆盖大部分人群，投资巨大，还要花巨资去竞购专用频谱，而且往往需要政府专门发布的电信业经营牌照，构成了极高的壁垒。但类似 LoRa 这样的非授权频谱技术本身设备、软件成本很低，无须竞购频谱，而且没有牌照问题，从而使得进入壁垒的门槛大大降低，大量企业可以成为物联网运营商。以下引用中科院计算机网络中心吴双力博士的一些观点来说明这一领域的变化。

在吴博士看来，未来物联网可以做到按需构建网络，因为已经具备了一些技术基础。

第一，工作于非授权频谱的技术标准。这其中 LoRa 最为成熟，还有一拨在成熟的路上。未来也可能会出现比 LoRa 更为开放的工作于非授权频谱的低功耗广域网络技术。

第二，得益于现有的互联网基础设施（它是运营商的），借助互联网我们可以基于一个很简单的架构去管理低功耗广域网络的基站、节点和服务。

第三，得益于便宜和通用的 CPU，树莓派开发板成本已经非常低廉了，而各种工业用的 ARM 也不贵。

第四，得益于开源软件和创客运动。有些人是为了商业推广，有些人就是为了贡献。总之，对于大部分应用（包括基站）我们可以很方便地获得已经完成产品 70%以上代码量的源代码。

在吴博士看来，至少在低速率的低功耗广域网络这个层面，构建“电信级”设备的资源已唾手可得，剩下的就只有认真了。从技术角度来看，非运营商企业部署一个 LoRa 网络难度不大，因此会形成大量的 LoRa 网络“运营商”。不过，这些运营商之间会形成各种竞争合作的关系，这些内容将在后续研究低功耗广域网络产业结构的章节里介绍。

主要运营商部署过程

① 雷厉风行的韩国 SK 电信。

2016 年 7 月 4 日，韩国 SK 电信宣布已经在韩国完成 LoRaWAN 网络的搭建部署，并宣布了针对物联网服务和未来网络规划的定价。SK 电信在 2016 年 6 月底完成了国家级 LoRaWAN 网络的部署，该网络部署在 900MHz 频段上，覆盖韩国 99%的地区，这比其加入 LoRa 联盟时原定全国覆盖的计划提前了 6 个月。虽然其商用比荷兰运营商 KPN 晚了一周，但 SK 电信成为全球首个实现国家级覆盖且商用的 LoRaWAN 网络的运营商。

SK 电信计划从 2016 年 7 月到 2017 年间投资 1000 亿韩元（约 890 万美元）用于网络、平台和 App 开发，并制订了超过 400 万连接设备的目标。而更受业界关注的是其基于 LoRaWAN 网络的物联网服务资费，称为“Band IoT”计划，包含 6 个不同的层级，从 Band IoT 35（350 韩元/月）到 Band IoT 200（2000 韩元/月）不等，主要取决于数据使用量，无论是企业用户还是个人用户，都可根据自身需求进行选择。具体资费如表 4.4 所示。

表 4.4 SK 电信 LoRa 网络资费

<table>
<tr><th>资费类比</th><th>数据限额</th><th>每月费率</th><th>应用举例</th><th>备 注</th></tr>
<tr><td>Band IoT 35</td><td>100KB</td><td>KRW 350</td><td rowspan="2">表计和监测服务（如先进量测架构、环境监测、水管泄漏监测等）</td><td rowspan="6">长期合约客户可享受折扣，如 2 年期合约到 5 年期合约可享受 5%～20%的折扣</td></tr>
<tr><td>Band IoT 50</td><td>500KB</td><td>KRW 500</td></tr>
<tr><td>Band IoT 70</td><td>3MB</td><td>KRW 700</td><td rowspan="2">追踪类服务（如人与物的跟踪、资产管理）</td></tr>
<tr><td>Band IoT 100</td><td>10MB</td><td>KRW 1000</td></tr>
<tr><td>Band IoT 150</td><td>50MB</td><td>KRW 1500</td><td rowspan="2">控制类服务（如安全管理、照明控制、共享车位等）</td></tr>
<tr><td>Band IoT 200</td><td>100MB</td><td>KRW 2000</td></tr>
</table>

实际上，在 2016 年 3 月，SK 电信就开始推出其 eMTC 网络，此次发布的 LoRa 资费仅为其 eMTC 网络资费的十分之一，可见 SK 在韩国的 eMTC 资费还是比较高的。SK 电信开通 eMTC 和 LoRa 网络，覆盖了低速率和中速率物联网业务，可以说是全球范围内的尝鲜者。

配合 LoRa 和 eMTC 网络的部署，SK 电信还发布了一个基于 oneM2M 的平台——ThingPlug，可用于公用仪表、定位跟踪和监控服务等，在这个平台上，开发者可以从 ThingPlug 网站下载软件开发工具包（SDK），注册其服务或设备，以便其他人也能使用该服务。SK 还与传感器巨头霍尼韦尔发起联盟，推动 LoRa 传感器的开发，另外，LoRa 网络部署的合作方还有三星公司，这也是三星布局物联网的重要动作。

此次 SK 电信选择 LoRa 技术作为其物联网基础网络，可以说是对 LoRa 阵营一个非常有力的支持。SK 是全球主流电信运营商，也是韩国最大的运营商，市场份额达到韩国的一半，而且快速实现全国部署，向世人证明 LoRa 不仅只适用于企业级专网的部署，也可以形成全国性电信级网络，也有主流电信运营商的强力支持。本书开头也提过，2015 年年初 Sigfox 超大规模融资时，SK 电信也是主要投资方之一，业内部分人士对 SK 在 LoRa 和 Sigfox 上的态度有些质疑，虽然 SK 没有正面回应关于 Sigfox 的发展计划，但 SK 电信的一位发言人表示，LTE-M（eMTC）和 LoRa 是“SK 电信物联网的两大支柱”，可以看出 SK 电信对 LoRa 的支持力度。不仅在韩国，2017 年年初，SK 电信还宣布与泰国国有电信运营商 CAT 电信合作，将在泰国部署基于 LoRa 技术的物联网，跨出国门，将 LoRa 网络部署到曼谷和普吉岛。不过，也有观点认为，SK 电信希望抢占物联网先机，但相对成熟的低功耗广域网络技术标准只有 LoRa，所以选择优先商用 LoRa，这一观点是否成立，还要看后面几年中 SK 电信的物联网发展路径。

在运营一年后，SK 电信的 LoRa 网络成果如何呢？我们引用中国台湾知名科技媒体 DigiTimes 在 2017 年 7 月对 SK 电信运营一年结果的采访和总结：

“SK 电信表示，过去的一年内 LoRa 物联网服务已突破 70 项。LoRa 服务推出 6 个月就增加了 22 项物联网服务，7 个月后增加了位置追踪黑盒子、太阳能电力表等 48 项服务，已提早达成年初订立的推出 50 项新服务的目标。SK 电信上半年确保约 10 万 LoRa 用户，因为使用物联网服务的每位用户都会连接多元装置，但距离 SKT 预估的年底前装置连接量超过 400 万的目标仍有差距”。

其中的几个数字值得注意：SK 电信 LoRa 网络推出 70 项服务，上半年约10万用户，与年底连接数超过400万的目标有差距。也就是说，一年以来，基于SK的LoRa网络已有70类应用，用户数10万意味着平均每项应用会有1400个用户，考虑到用户的集中度，一些应用的用户数量可能超过1万个，这个用户量级还是比较高的；不过，每个用户的终端数非常有限，虽然SK没有公布总的连接数，但根据目前还未达到年底400万的目标可以推断，平均单个用户的连接数低于40个，这个连接数量远远没有形成规模效应。当然，笔者相信这不仅是SK电信一家的困惑，所有部署了低功耗广域网络的运营商都存在这一困惑，物联网道路依然任重而道远。

② 欧洲遍地开花的LoRa之旅。

一直以来，欧洲都在移动通信行业发挥着关键性的作用，对于新兴的物联网，欧洲企业也非常积极，加上大量创新企业的出现，推动物联网各类技术在欧洲落地。第二章中介绍的各类非授权频谱技术有不少就发源于欧洲。

LoRa在欧洲比较受欢迎，法国、德国、英国、荷兰、瑞士等国已开始了LoRa的商用。物联网智库2016年撰写《中国低功耗广域网络市场全景调研与发展预测报告》时，调研了一些国内LoRa模组和表计厂商，获悉国内大量的LoRa终端出货实际上都销往欧洲，可见LoRa在欧洲商用范围之广。欧洲各国国土面积不大，电信业竞争充分，每个国家都有数个电信运营商，不少运营商参与了LoRa网络部署和运营。

早在2015年11月，Orange就首次向外界公开了LoRa部署方案，目标是在2016年上半年在法国的波尔多、里昂、马赛、蒙彼利埃、尼斯、巴黎、斯特拉斯堡等17座城市部署LoRaWAN物联网。彼时，Orange还不是LoRa联盟成员（2016年5月Orange才正式宣布加入LoRa联盟），却宣布支持LoRa技术，作为拥有2.65亿个客户、在全球29个国家提供服务的大型主流的运营商，给予LoRa阵营很大鼓舞。2017年6月，Orange在一次新闻发布会上宣布它们的LoRa网络已经覆盖了法国4000个城镇和工业城市，并计划在2017年年底前完成全国范围覆盖。另外，Orange也准备在2017年12月之前基于LoRa联盟的框架进行其LoRa网络与其他欧洲运营商网络之间的互联测试，并就LoRa网络的漫游进行测试合作。这些都是Orange的Essentials 2020战略计划的一部分，计划到2018年通过物联网服务产生6亿欧元的收入。

法国另一家运营商布依格电信也是LoRa技术的早期支持者。早在2013年11月布依格就联合Semtech对LoRa相关技术和应用进行了测试。而2015年LoRa联盟成立时，布依格也是首批加入该联盟的运营商，而且在该联盟成立后不久就和Semtech共同宣布基于LoRa技术部署法国首个物联网。当然，做出这一决定也是基于长期的考虑，是和产业链上下游伙伴对LoRa进行16个月的测试基础上的决定。虽然布依格的规模和影响力比不上Orange，但作为法国第三大运营商，和Orange一起推动了LoRa在法国的普及。

几乎与布依格电信同时，欧洲其他几家运营商KPN、Swisscom和Proximus也开启了LoRa网络部署的步伐，这些运营商也是首批加入LoRa联盟的成员。

KPN即荷兰皇家KPN电信集团，是荷兰第一家电信运营商，在荷兰、德国、比利时等国拥有移动网络，被评为全球最值得投资的十大电信运营商之一。2015 年 11 月，KPN 在鹿特丹和海牙市推出了首批 LoRa 设备，到 2016 年 7 月初（比 SK 电信早一周），KPN 宣布其推出全球首个国家级覆盖的 LoRa 网络。对于 KPN 在这方面部署的公开资料不多，根据 2016 年 10 月 LoRa 联盟成员会议上的消息，KPN 在 2016 年年底会部署约 1100 个基站，提供室内室外覆盖。而对于 LoRa 终端的收费标准，大概每设备一年费用为 4.5～15.4 美元，费用根据应用场景的不同而有所不同；每个 LoRa 模组的定价大概为 5.5 美元。KPN 已经开展的 LoRa 应用包括堤坝的监测、地下水监测、城市照明改造和垃圾处理等。在物联网的发展路径上，KPN 和 SK 电信有些相似，从 2017 年起也开始了 eMTC 的部署，在此之前已经和爱立信、高通合作开始 eMTC 技术试验，并在 2017 年巴塞罗那 MWC 上和其他几家运营商共同宣布支持 eMTC。

Swisscom 为瑞士电信，是瑞士大型电信运营公司，在 2016 年 3 月正式宣布在瑞士部署覆盖全境的 LoRa 网络。Proximus 为比利时和卢森堡最大的电信运营商，在 2015 年 11 月宣布和 Actility 合作在比利时和卢森堡进行 LoRa 网络的部署，首批应用为资产追踪和设施管理。

除此之外，包括英国政府支持的 Digital Catapult 组织将在伦敦建设 LoRa 网络，CENSIS 宣称扩大其 LoRa 网络在苏格兰区域的部署等，让 LoRa 在欧洲遍地开花。实际上，LoRa 网络快速部署的一个重要推手是法国公司 Actility，这家公司提供基于低功耗广域网络的物联网平台，这部分内容将在后面的市场结构中再展开。

③ 美国有线电视运营商和 Semtech 的决心。

成立于 2014 年的美国公司 Senet 提供网络即服务的业务（NaaS），

在2016年6月宣布要在美国110个城市超过125000平方千米的区域搭建LoRa试验网络，其中包括旧金山、波士顿、圣荷西等大型城市，同时计划2017年在另外10个大型城市部署相关网络和服务，包括纽约、洛杉矶、华盛顿、芝加哥、费城、达拉斯、西雅图、圣地亚哥、亚特兰大和丹佛，这将使得LoRa在美国覆盖23个州的225个城市，覆盖人口达5千万。这是一个宏大的网络部署计划，在前期的业务中，由于有Senet公司前身EnerTrac在石油、天然气罐监测领域的基础（当时使用的是433MHz的网络），Senet的LoRa网络在水表、工业级传感器、资产追踪、智慧城市等领域开始应用。不过，Senet马上迎来另一家致力于将LoRa网络部署到美国全国的厂商，它既有野心又有实力，这家企业就是大名鼎鼎的全球最大的有线电视运营商康卡斯特（Camcast）。

2016年10月5日，康卡斯特宣布成立了物联网服务公司MachineQ，并同时宣布和Semtech合作部署LoRa网络，且在30个月内要实现全美覆盖。当时的计划是同年10月底前开始旧金山和费城两个城市的试点，提供B2B应用，在试点成功的基础上，计划18～30个月内在美国28个城市部署LoRa网络。

由于有线电视运营商的本地化属性，康卡斯特并不为大部分国人所知，但在广电、互联网圈子中其知名度很高。大多数介绍这家公司的资料都是这样开始的：美国康卡斯特公司是全球年收入最高的广播和有线公司，也是美国最大的有线公司和国内的互联网服务提供商及全国第三大电话服务提供商，目前拥有2460万有线电视用户、1440万宽带网络用户及560万IP电话用户。

回顾康卡斯特50年的发展历史，这家初创时仅为一个拥有1000多个用户的城市级有线电视公司，但经过数十次的并购和资本运作，一举奠定其在有线电视、互联网领域的地位。比较知名的收购案例包括收购迪斯尼（因对方反对未成功）、美国第二大有线电视运营商时代华纳有线和梦工厂动画公司，具备了最强的有线电视网络、内容资源。

实际上，除了有线电视之外，康卡斯特进军物联网之前已有一定的基础，尤其是在通信网络方面的经验，包括此前康卡斯特和 Google、时代华纳、Sprint 共同投资创立 Clearwire，该公司主要从事 4G 无线网络的建设，已经初步在芝加哥、费城等地开展无线移动上网业务；Comcast Cable Systems 是康卡斯特控股子公司，主要投资网络设备、综合布线、语音通信设备，为客户提供电视、语音、高速上网业务及网络传输服务，提供完整的布线系统解决方案，其产品遍布全球。在 2016 年 9 月，康卡斯特宣布将于 2017 年加入无线服务市场，服务方式类似于谷歌 Project Fi，通过利用其 1500 万个 WiFi 热点和与 Verizon 五年期的 MVNO 协议创造一个新的收入来源。

在已有的业务基础上形成的网络基础设施、渠道资源和网络运营经验，加上数千万有线电视用户和宽带用户，康卡斯特进军物联网建设和运营有一定的基础。康卡斯特不拥有授权的电信频谱，基于非授权频谱的 LoRaWAN 网络让其避开这一限制，形成一个全国运营的广域物联网。

这里需要重点强调一下 Semtech 在这方面所下的决心。为了抓住这次在美国全国部署 LoRa 网络的大好机会，Semtech 可下了血本，Semtech 授权康卡斯特在未来的 30 个月内低价购买其价值 3000 万美元的普通股，每股价格低至 1 美分（在那个时间段里 Semtech 的股价大约为 25 美元/股）。

当然，这样看似捡了大便宜的交易并不是一次性完成的，而是根据康卡斯特网络部署计划目标达成情况分阶段授予的，有一定的对赌条件。具体计划如下：

- 授权发布之后，向康卡斯特出售其中 10%的股份；
- 康卡斯特完成对两大试点城市 LoRa 网络部署，覆盖人口达到 50%以上，再出售其中 10%的股份；
- 康卡斯特完成对 10 个城市 LoRa 网络覆盖，覆盖人口达到 50%以上，再出售其中 26%的股份；
- 康卡斯特完成对 20 个城市 LoRa 网络覆盖，覆盖人口达到 50%以上，再出售其中 27%的股份；
- 康卡斯特完成对 30 个城市 LoRa 网络覆盖，覆盖人口达到 50%以上，再出售剩余 27%的股份。

当然，Semtech 也从康卡斯特物联网部署中获得了一些收益，主要包括两个方面：一方面是康卡斯特基于 LoRa 网络服务收入的分成，另一方面是康卡斯特需要为使用 LoRaWAN 位置服务来付费。

到 2017 年 7 月中旬，康卡斯特对外发布公告，其 LoRa 网络已经扩展到亚特兰大、波士顿、华盛顿等 12 个大城市，加上此前已经商用的 3 个城市，一共 15 个城市。不到 12 个月的时间已完成 15 个城市的部署，看来其之前计划的 30 个月实现 28 个城市部署指日可待。不过，近期美国媒体对康卡斯特的专访透露出，该公司并非要在美国全境实现无缝覆盖，而是在康卡斯特已有业务版图的地域和大型城市里进行覆盖并开展运营。

④“互联网大帝”与 LoRa 结缘。

有着“互联网大帝”之称的软银集团创始人孙正义近两年来对于物联网十分热衷，包括大手笔收购 ARM 及“1 万亿个物联网连接”的豪言壮语。而其创办的软银牵手 LoRa 则可以看作实践其构建物联网帝国的一小步。

2016 年 9 月，软银宣布 2016 财年在日本推出一个基于 LoRaWAN 的物联网，同时宣布携手 Semtech、Actility、富士康提供端到端的物联网解决方案，其应用包括设备和楼宇监控、智能仪表、交通运输、车队管理、农业和自然灾害等。软银对 LoRa 的选择，让 LoRa 阵营中又多了一个主流运营商。目前，暂时还没有关于网络商用、套餐资费的相关公开报道，但是不同于 SK、KPN 等运营商，软银的网络部署好像采取广撒网的形式，2017 年 5 月初软银宣布和爱立信合作，在日本全国范围内部署 eMTC 和 NB-IoT 网络。在 LoRa 之外还要部署 NB-IoT 网络，业界不少人士对其很不理解，还要看未来其如何同时运营功能相同的两个网络。

⑤ 燎原之势的中国 LoRa 运营商群体。

和以上介绍的其他国家不同，中国主流的三大运营商均选择基于授权频谱的 NB-IoT 作为其物联网专用网络，由于三大运营商本身拥有国家无线电管理局颁发的授权频谱资源，而且作为央企，出于非授权频谱信息安全的考虑，LoRa 阵营中不会出现中国三大运营商的身影，也不可能借助三大运营商来实现全国覆盖。不过，LoRa 的灵活性和中国企业的创新意识，使得全国出现了多种形式基于 LoRa 的新型运营商，这些大大小小的运营商开始只是一些星星之火，但现在看来已形成燎原之势，让中国在 LoRa 图谱中占据着重要位置。这些新型运营商大致可以分为以下四类。

第一类，通信设备企业另辟蹊径，通过共享方式形成一个虚拟运营商级网络。这方面的代表是中兴通讯发起成立的中国 LoRa 应用联盟（CLAA），CLAA 联盟通过共享的理念来形成广域运营商级 LoRa 网络，这源于很多自建的 LoRa 网络资源往往具备丰富的能力而没有充分使用，在基于安全性和统一规范的基础上，将其多余的网络资源共享给其他用户，可使资源充分利用。

为打破小范围部署网络无法互联互通的问题，CLAA 联盟推出统一标准化的 LoRa 网关，使各类厂商具有标准化硬件接入，保证共享的可能性，再通过云化核心网平台软件和算法的力量，使不同用户间的网络资源共享成为现实。正如吴双力博士所说的，“应用者都可建网，但这种建网是在统一规范和云端管理之下。”当然，大多数行业应用客户对于通信网络的运营并不专业，部署物联网后，更多复杂的维护工作应该交由专业团队来完成，而当前网络的云化趋势、软件和算法的成熟，让云端维护成为可能，CLAA 云化核心网正是完成这一任务的保障。可以说，CLAA 联盟通过提供标准化网关和云化核心网，把大量分散的小型运营商资源整合在一起，形成规模化的网络运营能力，同时保证各应用厂商独立运营的权限。假以时日，当采用这一模式的网络部署范围扩展后，这种化零为整的方式最终会形成一个共享化的虚拟运营商级网络。

第二类，大型民营企业对物联网前景看好，但苦于没有授权频谱资源，只好选择 LoRa 进行部署。早在 2016 年年底，国内第四大宽带运营商鹏博士就联合业界企业发起成立了中国LoRa应用联盟，准备在鹏博士网络已覆盖的200余座城市部署LoRa网络，同时为超过一亿个家庭用户提供物联网服务。如果这一计划落地，将形成覆盖主要城市的全国性的LoRa网络运营商，不过鹏博士暂时没有给出这一计划的时间表。

了解鹏博士的人都知道，鹏博士拥有超过1000万的家庭宽带用户数，有大量社区、物业资源，可在此基础上推广并部署社区和家庭式的LoRa基站。具体来说，鹏博士的计划是在现存的家庭式网络设备基础上添加包含LoRa模块的外设，可以很快地为现存的固话宽带和电视用户构建全面的LPWAN网络环境，虽然这种方式不一定有铁塔式基站那样的效率，却能直接将现存的用户转化为潜在的LoRa用户。不过这样的模式能否可行，还需部署后进一步验证。

第三类，广电也成为一个不可忽视的力量。上面已经介绍了美国广电康卡斯特的案例，而国内部分广电厂商也开始采用LoRa作为其进入物联网的重要技术，目前已经公开进行部署的包括上海广电网络集团和陕西广电网络集团。上海未来宽带、上海东方明珠等广电系企业，在2016年开始采用LoRa技术探索城域物联专网的布局，目前杨浦区和虹口区的部署已经完成并投入使用。2017年8月，Semtech、Actility和陕西广电网络集团、西安碑林区政府合作，在碑林区中央大学城建设一个覆盖范围达23平方千米的LoRaWAN测试网络。在Actility看来，作为“一带一路”的起点，这是LoRa践行全球覆盖的重要一步。

第四类，不少新兴厂商开始了城域网络部署，在不久的将来我们能看到不少类似厂商涌现出来。这些新兴厂商往往是一些规模不大的企业，它们有很强的市场敏锐性和开拓精神，当然网络部署后不是一劳永逸的，长期的运营更为重要，因此这些“运营商”也承担着较大的市场风险。

目前，已有升哲科技（Sensoro）、罗万信息、NP-Link 等厂商在几个城市中实现了一定范围的城域网络部署。例如，升哲科技在北京五环内的主要城区实现了 LoRa 网络覆盖；罗万信息在杭州实现了主城区 LoRa 网络的覆盖；NP-Link 在厦门主要区域实现了 LoRa 网络覆盖。在部署网络的同时，这些厂商也在不断地去发展各类基于 LoRa 的应用。在网络商用初期，为了形成典型用例，这些企业除了网络部署外，本身也是端到端解决方案的供应商，甚至一些具体的终端硬件也要去做。虽然 LoRa 网络设备成本较低，使用免费频率，相应的站址资源可以通过多种方式解决，一张城域网的成本不会太高，但对于这些实力一般的小型企业来说，开始商用时可接入的应用太少，网络资源应用非常不充分，运营收益大大小于成本，这成了最大的风险。

虽然没有三大运营商的支持，但市场这只“看不见的手”的推动让中国也进入了 LoRa 的全球版图中，而且“地盘”不一定比其他有主流运营商支持的国家的市场小，因为在这些多样化主体和中国创新企业的支持下，LoRa 的各类网络部署已由原来的星星之火形成燎原之势。

⑥ LoRa 在印度地盘的拓展：是快速崛起还是缓慢发展？

作为全球人口最多的国家，印度如果形成一张全国覆盖的物联网，规模一定不会太小。早在 2015 年 11 月，印度塔塔通信（Tata Communications）公司就发布计划称，将打造印度首个基于 LoRaWAN 的物联网络，塔塔通信宣称这也是全球最大的物联网络，第一阶段目标是印度一、二、三和四线城市，计划惠及4亿人。

2017年MWC巴塞罗那展会上，塔塔通信宣布与惠普合作推进其LoRaWAN网络的部署，项目涉及通过LoRa网络在智能建筑、校园、公共事业、车队管理、安全和医疗保健服务中连接设备、应用程序和其他物联网解决方案，覆盖近2000个社区。

作为印度主流电信运营商，本来部署一个LoRa网络的难度并不大，但是时间已经过去了近两年，目前还没有任何关于这一计划的最新进展，全球最大的物联网或许要被中国移动豪掷数百亿元在中国部署的NB-IoT网络所占据。

此外，全球其他地区也有LoRa的身影，包括荷兰皇家电信KPN宣布将在新西兰建网；Telstra宣布将在墨尔本试点；南非广播数据网公司Comsol宣称启动LoRa网络建设。

4.2.3 行业明星Sigfox在全球开疆扩土

虽然是一家创业公司，但Sigfox从一诞生就展现出全球物联网运营商的雄心壮志，在短短的几年里，这家公司已经在快速实践其全球化运营商的计划。

商用地图

Sigfox于2017年8月公开的资料显示，目前已在全球32个国家开始网络部署，覆盖230万平方千米和589万人口。

资料显示 Sigfox 主要部署的区域主要集中在欧洲、北美、南美和大洋洲，这些区域的国家几乎要全部覆盖，尤其是在欧洲西部，大部分国家已正式开通运营了。而在广大的亚洲地区，Sigfox 只在日本、伊朗、新加坡及我国台湾和香港等国家和地区开始了一些部署。根据 Sigfox 的计划，到 2018 年年底希望在 62 个国家和地区部署网络，几乎涵盖 100%的发达国家和主要发展中国家。不过这一宏大计划能否实现，还要看未来整个产业的推进情况。在笔者看来，Sigfox 应该很难在中国这个全球最大的发展中国家实现网络部署，这源于其商业模式。

Sigfox 的合作模式

广域网络是一种基础设施，一家小小的创业公司之所以能够在短短几年内快速扩张到全球 30 多个国家和地区，在于其有效的合作伙伴计划，该公司在全球各地推行自建网络和与第三方运营商的合作相结合的模式，即发起了 SNO（Sigfox Network Operators）战略计划，与各国合作伙伴共同投资网络、发展销售渠道并建设本地的生态系统，Sigfox 提供基站规划、运营支援系统、业务支持等解决方案。

全球扩张确实充分借助了全球合作伙伴的资源，除了在法国、德国、美国的网络由 Sigfox 自身部署和运营外，其他国家和地区均通过第三方运营商来部署和运营。不过，这些合作的运营商中基本没有全球和当地主流运营商的身影，一部分是一些在本地拥有一定资源的企业，还有一部分是专注于提供物联网端到端解决方案的企业，还有很多是一些新成立的企业。

举例来说，Sigfox 在英国建网和运营的合作伙伴是 Arqiva 公司，该公司是英国的一家通信基础设施供应商，垄断了英国的电视和无线电发射机，拥有大量的通信站址资源，为英国电视、电台、卫星传送和无线通信提供基础设施，主要客户包括BBC、ITV、英国电信、沃达丰等。Sigfox和Arqiva合作，可以充分利用Arqiva在英国的这些资源，首期在11个大型城市和54个城镇开始商用，包括伯明翰、利物浦、利兹、伦敦、曼彻斯特等地。各地合作伙伴在本地的资源多种多样，有些有公用事业资源，有些有通信基础设施资源，有些拥有软/硬件资源，通过各种方式和Sigfox的低功耗广域网络形成协同。

不过，并非所有合作方都像Arqiva公司一样在本地拥有丰富的资源，也有不少新成立的创新型企业。例如，在新加坡和我国台湾市场的开拓中，Sigfox的合作伙伴是UnaBiz，该公司是2016年成立的，除了采用Sigfox技术建网和运营外，还提供端到端物联网解决方案。虽然这是一家新成立的公司，但其发展速度也比较快。

不过，Sigfox商业模式采取了自上到下的方式，公司拥有全部技术，包括超窄带通信技术、后台数据和云服务到终端软件。但Sigfox对终端市场基本上是开放的，自身不做芯片，而是交给了半导体公司，如ST、Atmel、TI等，Sigfox通过销售技术栈专利费来收费。换句话说，Sigfox不从硬件中赚钱，而是将软件/网络作为一种服务来销售。在某些情况下，Sigfox公司实际上部署网络并担当网络运营商的角色。然而，相对于NB-IoT/eMTC及LoRa来说，这种商业模式具有相对封闭性，如果一个厂商想部署一个Sigfox网络，就必须直接与Sigfox合作，没有其他选择。由于这样的商业模式，再加上Sigfox在国内的产业生态并不完善，终端、应用支持厂商非常少，所以开拓中国市场的难度是非常大的。

4.2.4 Ingenu公司的全球RPMA网络之梦

第二章中提过Ingenu公司推出的RPMA技术，虽然Ingenu公司前身On-Ramp很早就推出了这一技术，但笔者觉得其“起了个大早，赶了个晚集”，并没有形成先发优势，截止到目前，其在全球部署的情况远远落后于竞争对手LoRa和Sigfox。

部署情况

Ingenu基于RPMA的低功耗广域网络方案称作Machine Network，Ingenu公司公开的资料显示，2016年该公司在美国超过30个大城市发布了其Machine Network网络，并计划2017年年底前扩展到100个城市。2017年MWC巴塞罗那展会上，Ingenu宣布其物联网连接技术扩展到了全球29个国家。29个国家看似比较多，不过请注意，是其连接技术扩展到了29个国家，并不代表基于RPMA技术的网络在29个国家大规模部署。同时，Ingenu宣布在海湾阿拉伯国家合作委员会所在的国家和地区发布其Machine Network，由位于迪拜的物联网运营商RPMAnetworks运营，涉及地区包括阿联酋、沙特、马来西亚、卡塔尔、科威特、阿曼和巴林，这是Ingenu在海外的重大扩展。

2017年5月，Ingenu和中国的无锡九洲通讯签约，独家授权九洲通讯使用PRMA在中国部署和运营网络并发展业务。九洲通讯实际上从2016年开始就在无锡、苏州、深圳等地开展了RPMA网络的部署和试点，但目前还没有太多的应用。

另外，Ingenu 的 Machine Network 全球扩展在非洲有了一些成果，先是 2017 年 6 月在尼日利亚的部署，再是 2017 年 8 月在南非的部署。其中，南非是通过当地一家名为 Vula Telematix 的物联网运营公司来部署的。不过，在南非，Sigfox 和 LoRa 网络已经由 SqwidNet 和 Comsol 公司分别部署，RPMA 面临着与这些厂商的直接竞争。

跑马圈地速度已经有些落后

① 过于注重技术领先。

或许是因为创始人来自于高度重视技术的高通创始人——Andrew Viterbi 博士和另外两位业界专家，Ingenu 一直以来都比较重视其技术相对于其他低功耗广域网络阵营的领先地位，整套技术设计中，在物理层、Mac 层和网络层都有相应的创新。此前，Ingenu 的前 CEO John Horn 就像这个行业中的“大炮”，多次炮轰其他低功耗广域网络技术，包括认为 LoRa、Sigfox 最终会消失，并豪言未来能存活的低功耗广域网络技术只有 RPMA 和 NB-IoT。就在 Sigfox 于 2017 年年初进入美国时，John Horn 曾经和 Sigfox 北美负责人进行了一场隔空嘴仗，并放言说 RPMA 在技术参数和表现等各方面都会击败 Sigfox。Ingenu 曾发布了对此响应的白皮书，从技术角度证明了 RPMA 技术领先。

这种技术上的领先，并没有让其在市场上领先。Sigfox、LoRa 的发起者并没有刻意和同类技术去比较优劣，而是通过各种方式把自己的技术介绍给全球千千万万的使用者，快速地进行试点和试错。而 Ingenu 一直坚守自己的技术先进性，但应用的行业远远不如其他两者。

② 产业生态不够完善。

LoRa 在物联网领域能够获得如此多的拥护者，可以说在很大程度上借助了产业生态的力量，让各领域、各环节的大量企业参与进来，而 Sigfox 则是通过广泛的合作伙伴计划实现生态建设。不过，在很长一段时间里，RPMA 的产业生态显得比较薄弱，支持的芯片、设备、终端厂商比 LoRa 少很多。2017 年 7 月，John Horn 离职后，Ingenu 对其战略进行了调整，一方面更加强调生态合作，推出更加简单、“交钥匙”式的服务，加强 RPMA 品牌建设和对合作伙伴的支持；另一方面也推出类似 Sigfox 的运营商合作伙伴计划，希望在全球部署基于 RPMA 的网络。

除了 NB-IoT/eMTC、LoRa、Sigfox、RPMA 之外，基于其他技术的网络基本没有在全球大范围部署，甚至在一个国家或城市都没有形成规模的部署，因此我们不去探讨其他技术的跑马圈地的状况。

4.3　跑马圈地的逻辑——物联网应用的生命周期保障黏性

正如前面所述，各类技术支持者在全球跑马圈地，占据了一定的地盘，其中采用非授权频谱技术 LoRa、Sigfox 等的玩家们显得更为积极。由于“运营商”这一概念在物联网时代得到大大扩展，再加上非授权频谱产业链的完善、部署灵活性和成本低廉，让新型运营商成为可能。我们看到 Sigfox 全球的扩展得到了众多产业界和金融界人士的大力支持，加入 LoRa 生态的企业更多。然而，在笔者看来，无论是传统的典型运营商，还是这些新型运营商，极力去拓展网络覆盖的“地盘”，不仅仅是因为看到低功耗广域网络背后带来的广阔市场，更是因为抢占先机也能留住这些市场带来的红利。

4.3.1 时间窗口的先机

目前来看，我们常常看到的低功耗广域网络的案例仅限于抄表、停车等少量场景，各应用厂商和开发者已经开始规划更为丰富的场景。例如，此前低功耗蓝牙定位厂商，已在全国各地很多商场、公共楼宇部署了数十万个定位终端，在低功耗广域网络商用之前，当其想对这些终端进行管理时，并没有低功耗、远距离的通信方案，而 LoRa、NB-IoT 方案推出后，确实补齐了其无法远程管理蓝牙终端的短板。

虽然多国已开通了 NB-IoT 商用网络，但其全面、成熟的商用应该在 2018 年以后。而在 NB-IoT 全面商用前的时间窗口期，NB-IoT 的大力宣传做了很好的市场教育工作，而大量原来根本无法连接的设备对此有了需求，而且有些用户马上产生了应用的需求，它们不可能等到 NB-IoT 全面商用后才开始应用。实际上，在很多用户眼里，方案采用的是 NB-IoT 还是 LoRa，亦或是 RPMA，并不重要，他们关心的是成熟、稳定、便捷和低成本的解决方案。

在这样的背景下，相对成熟的 LoRa、Sigfox 正好弥补了这一短板。对于处在转型期的运营商，能够快速部署一个物联网专用网络，率先提供物联网服务不失为在其转型中占有先机的较好策略。于是，有些运营商选择可快速商用的 LoRa、Sigfox，开发示范应用，与其他运营商相比形成先机；有些中小型企业采用 LoRa、Sigfox，一举进入物联网运营市场。

4.3.2 用户黏性保障物联网市场的一席之地

在移动互联网时代，一种商业模式形成用户黏性的难度非常大，如比较流行的团购、外卖、打车类应用，用户转向其他厂商的成本非常低，最终形成厂商只能通过补贴、烧钱大战甚至并购来留住用户。而在物联网市场中，尤其是对于应用了低功耗广域网络的物联网用户来说，实际上用户黏性是比较大的，为什么呢？

首先是因为物联网的特点，当用户的终端选择使用一种网络方案连接时，本身就具备了很强的排外性。对于低功耗广域网络来说，不少解决方案（尤其是行业应用方案）是“交钥匙”工程，终端的联网方案在设备给到用户之前已经做好了，用户拿到终端开机使用后直接连接，且由于低功耗的特点，可以保证设备数年甚至 10 年不用更换电池，很多都比设备生命周期还长，当该网络能够正常运行时，用户没有必要转网，且转网需要专业的通信知识，并对设备软/硬件进行改造，从而造成转网成本很高。

其次是因为低功耗广域网络方案一般都是包含了“云—管—端”的整体解决方案，这无形中形成了更高的转网壁垒。

因此，低功耗广域网络商用后将形成一些拥有批量终端的黏性用户，这些用户在其终端生命周期之内的数年内是不会考虑转网的。所以，在基于授权频谱技术的网络商用前的时间窗口期，基于其他技术部署的网络商用后，所发展的用户和终端都将长期存在，这些用户和终端在生命周期中基本属于这一“运营商”，保证了该网络的长期运营。从这个意义上来说，那些非授权频谱技术率先在一些运营商级广域网络领域落地，并发力发展终端和应用，将在未来的物联网市场中占据自己的一席之地。

的确，无论是时间窗口还是形成黏性用户，都源于物联网设备和应用的生命周期很长，而低功耗广域网络通过各种设计希望做到电池供电能达到10年的效果，就是出于对物联网应用生命周期的考虑。不过，当电信运营商广泛部署授权频谱技术后，一些消费类物联网产品开始普及，与手机、电子产品类似，这些产品的生命周期就大大缩短了，而且转网可能比较频繁，到那时，整个市场格局将相对稳定。

CHAPTER 5

第五章

产业生态：产业经济视角下低功耗广域网络市场格局

第四章探讨了全球各地低功耗广域网络的部署情况，无论基于哪种技术，网络部署的背后都有整个产业生态的支持，有些关键环节甚至决定了网络部署"圈地"的成败，因为产业生态才是每一个技术阵营最核心的生命力。本章从产业经济学的角度来探讨一下低功耗广域网络的产业生态，以及在相关生态下形成的市场合作和竞争格局。

5.1 产业经济学研究的经典框架

产业经济学是对国民经济中单个产业进行研究的学科。低功耗广域网络虽然是物联网产业的分支，但基本上已形成了产业经济学可研究的对象，主要研究的内容包括两个方面：产业链和产业组织。相对应的是，我们需要采用产业经济学中产业链和产业组织理论两个经典的研究理论框架进行分析。

5.1.1 产业链研究框架

产业链是一个包含价值链、企业链、供需链和空间链四个维度的概念（见图 5.1）。这四个维度在相互对接的均衡过程中形成了产业链，这种“对接机制”是产业链形成的内模式，作为一种客观规律，它像一只“无形之手”调控着产业链的形成。

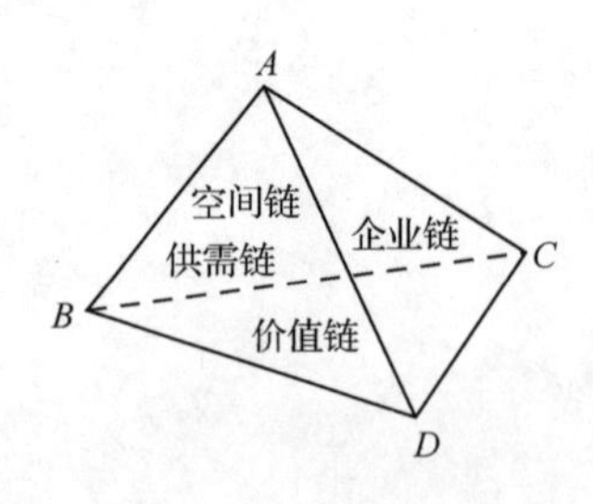

图 5.1 产业链包含的维度

产业链的本质是用于描述一个具有某种内在联系的企业群结构，它是一个相对宏观的概念，存在两维属性：结构属性和价值属性。产业链中存在着大量上下游关系和相互价值的交换，上游环节向下游环节输送产品或服务，下游环节向上游环节反馈信息。其中，价值链是产业链中的核心内容，价值链的相关理论主要是由知名战略管理大师迈克尔·波特 1985 年在《竞争优势》一书中提出的，按照波特的逻辑，每个企业都处在产业链中的某一环节，一个企业要赢得和维持竞争优势不仅取决于其内部价值链，还取决于在一个更大的价值系统（即产业价值链）中，一个企业的价值链同其供应商、销售商及顾客价值链之间的连接。

实际上，由于产业价值的实现和增值，才让产业链有存在的必要。低功耗广域网络各家企业在供需、空间和产业价值之间形成稳定的关系，企业之间互动，产生了价值的增值。不过，由于物联网产业的特殊性，低功耗广域网络已突破简单产业链的形态，而是一种产业生态的形态。

5.1.2　产业组织理论框架

产业组织理论是对产业中企业的合作竞争关系的描述。经典的产业组织理论体系由市场结构、市场行为和市场绩效三个基本范畴构成，三者之间存在着相互作用、相互影响的双向因果关系，即“结构-行为-绩效”（SCP 理论）。这一分析模型是由哈佛大学经济学家贝恩、谢勒等人创立的，旨在观察一个产业良性发展的过程。

外部环境的变化让特定行业的结构发生了变化，这种市场结构决定了企业在市场中的行为，而企业行为又决定了市场运行在各个方面的经济绩效。具体来说包括以下几个方面。

- 市场结构——外部各种环境的变化对企业所在行业可能产生的影响，包括行业竞争格局的变化、产品需求的变化、细分市场的变化、营销模型的变化等。
- 企业行为——企业针对外部的冲击和市场结构的变化有可能采取的应对措施，包括企业方面对相关业务单元的整合、业务的扩张与收缩、营运方式的转变、管理的变革等一系列变动。
- 市场绩效——在外部环境发生变化的情况下，企业在经营利润、产品成本、市场份额等方面的变化趋势。

虽然“结构-行为-绩效”分析模型是20世纪40年代形成的，但对现代产业仍是不错的分析框架。低功耗广域网络产业的“结构-行为-绩效”关系非常明显，可以沿着这一框架进行分析。

5.2 不同于传统通信业的产业链

作为移动通信网络的进化，低功耗广域网络在产业链上和原有移动通信行业有千丝万缕的联系，但也发生了很多实质性的改变，我们先从产业链的角度对其进行探讨。

5.2.1　传统通信行业的产业生态

传统移动通信行业产业生态如图 5.2 所示。

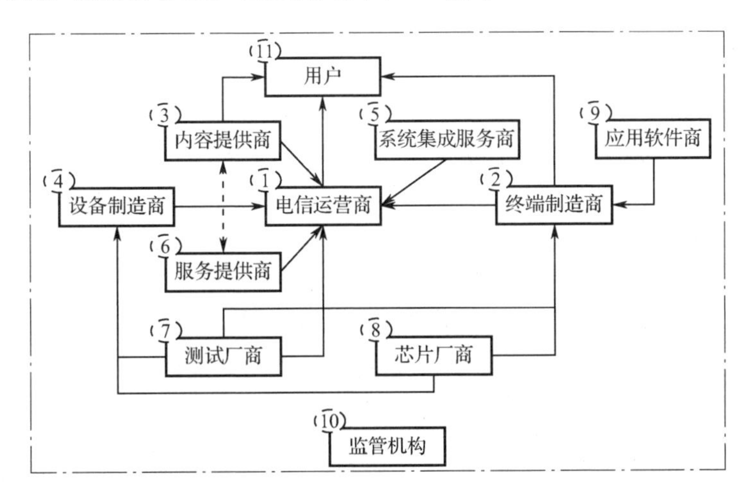

图 5.2　传统移动通信行业产业生态

从图 5.2 中可以看出，传统移动通信行业以电信运营商为核心，虽然最终用户对于终端、内容和运营商都可以选择，但行业中所有产业群体都在很大程度上和电信运营商发生着各种联系，而且不少厂商对电信运营商的依赖性很强。

举例来说，设备制造商的直接客户是电信运营商，为电信运营商提供通信设备、建设通信网络；而电信运营商常常对手机终端进行补贴，并通过电信运营商广泛的渠道帮助终端厂商销售手机，这些使得设备厂商和终端厂商对电信运营商有很强的依赖性。

移动互联网时代来临，电信运营商的核心作用遭到削弱，一些 OTT 厂商将运营商管道化，而内容的丰富程度、终端的设计等因素在用户心中的地位不断提升，这对运营商核心作用有很大影响。但是，从本质上说，这一产业生态还是建立在人与人通信的基础上的，旨在为人们更好地交流和生活服务。

5.2.2 多样化和碎片化催生的新的产业生态

在物联网时代，基于广域通信网络形成的产业生态和传统移动通信有很多重合。若从整体产业生态来看，芯片厂商、终端厂商、设备厂商、测试厂商仍将存在，应用软件商被物联网平台和平台上的开发者所替代，而原有的服务供应商和内容提供商更多地成为了解行业知识的系统集成商，用户的需求更多地是应用。这样来看，确实有不少重合的部分。其中，对于低功耗广域网络来说，比较重要的仍然是芯片、终端、设备、运营商、平台和应用。

不过，即使重合的部分也发生了非常大的变化，因为这里面的“玩家”发生了大幅度的变化。在笔者看来，主要来自于终端和用户的变化，使得移动物联网产业生态下虽然包括传统通信业生态的各部分，但每一环节的重点及它们之间的关系发生了大幅变化，形成了新的生态。

多样化终端和同质化终端

在人与人通信中，通信终端主要是手机，无论在品牌、外观还是性能上手机都可以算得上种类繁多，但是，其核心功能还是同质化的，对于功能机来说，主要就是通话和短信功能；对于智能机来说，除了功能机能实现的功能外，还有各种移动互联网应用。无论品牌、外观、性能如何不同，能够实现的功能都是一样的，只是体验不同而已。可以说，手机就是一种同质化的终端，可以大规模批量生产和使用。

但是，物联网的终端却是一个多样化的群体，理论上所有能够实现联网的硬件都可以算作物联网终端，如水表、井盖、路灯、门锁、箱包、手表、跟踪器等，这些终端不仅是品牌、外观、性能上的差别，更在功能上千差万别。试想一下，一个联网的水表和一个联网的门锁不可能具有相同的功能。物联网要进入各行各业，各行业终端肯定不一样，即使一个行业内，也存在大量不同的终端。虽然在各行业中会产生规模化的终端，但这些终端数量和手机终端相比数量并不多，因此物联网终端并不具有高同质化、规模化的特点。

这种多样化的终端让大量原来和移动通信或互联网没有任何关系的终端制造商加入了物联网的行列。例如，以前的水表厂商就生产机械表、卡表，现在要生产内置通信模组并可以实现平台管控的物联网水表；以前的旅行箱厂家现在也要生产物联网旅行箱等。

低功耗广域网络这种新型网络技术的商用，丰富和加速了终端厂商的多样化。正如第一章所述，此前很多种类终端本身的特点及原有物联网通信方案的不足，使得其不可能实现联网，而低功耗广域网络补齐了这些短板，让大量传统终端有了联网的机会。

多样化用户和统一用户

和多样化终端相对应的是多样化的用户，手机用户主要是个人，而物联网用户在发展初期主要是各个行业、企业。虽然说用户归根到底都是人，但这时每个人的需求有天壤之别，因此这里所说的用户主要是指用户的需求。

传统移动通信的用户需求相对统一，和手机终端提供的功能基本匹配。而物联网的用户中，大量行业、企业用户的需求则和自身的业务、生产、经营密切相关，呈现出多样化的特点。例如，远程医疗、智慧农业、智能家居等虽然使用了相对标准化的连接技术，但用户的需求是最终改变自身生产和生活的动力。

另外，这些用户需求的规模相对于手机用户需求来说是非常小的，每个行业都有不同于其他行业的典型需求，每个行业中又有多样化的需求，呈现出的是碎片化的特点，满足每一个需求都要设计对应的解决方案，各类解决方案无法大规模复制。所以，多样化的用户也带来了海量碎片化的市场。

这种多样化、碎片化催生出来的终端和用户群体，让物联网的产业链、产业生态呈现出和传统移动通信不同的特点。低功耗广域网络产业链也是在这样的背景下形成的，已经具备了相对独立、完善的价值链、企业链、供需链和空间链，成为物联网产业中相对完善的子链。

物联网智库在 2016 年推出全国首份《低功耗广域网络市场调研报告》时，为了统计方便，将低功耗广域网络的产业链分为上、中、下游，主要对中游企业进行了调研，如图 5.3 所示。无论是从全球还是仅从中国来看，与低功耗广域网络相关的产业链各环节企业数量和产品方案已经非常丰富了，那么它们之间是一种什么样的产业结构、组织形式，需要我们用产业组织理论来分析。

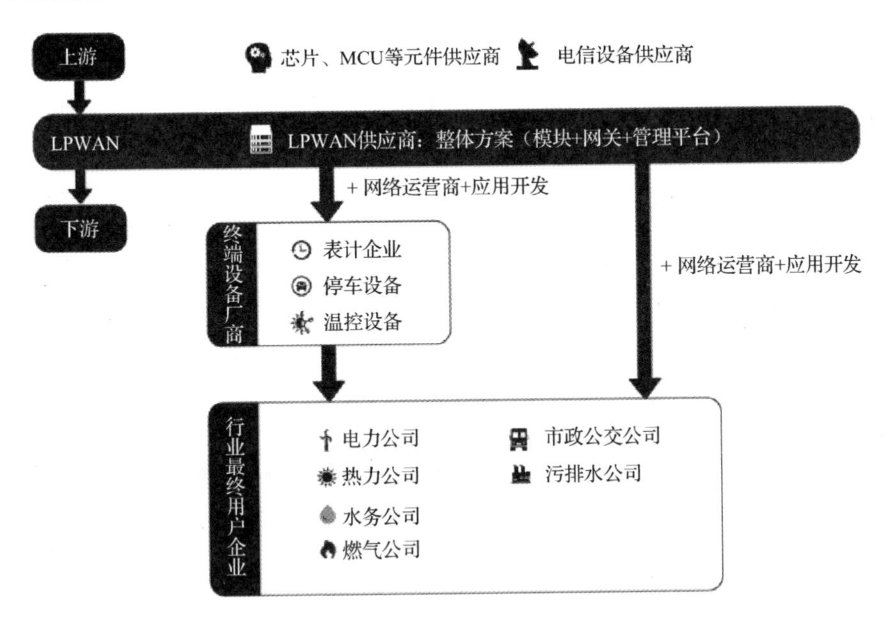

图 5.3　低功耗广域网络产业链（来源：物联网智库）

5.3　产业组织理论框架下的低功耗广域网络

一般来说，产业组织的研究都有一些量化指标，那么，各类量化指标的绝对值并不一定说明问题，只有和类似内容的量化指标进行对比才有意义。相对于传统产业，物联网的产业生态比较庞大，我们除了从纵向产业链的角度进行产业组织各指标的研究外，横向技术标准正好为各种量化指标的比较提供参考，因此可以从纵向产业链和横向技术标准两维度、多环节进行分析。

5.3.1 低功耗广域网络所处的市场结构

从纵向来看，低功耗广域网络目前已形成“底层芯片—模组—终端—通信设备—运营商—平台—应用”的完整产业链；从横向来看，产业链每一环节都有NB-IoT/eMTC、LoRa、Sigfox、ZETA、Ingenu等不同技术标准的厂商存在。所以，这一产业纵横交错，市场结构较为复杂。借鉴产业组织理论的经典框架，我们需要明确纵向不同产业链环节和横向不同技术标准形成了何种竞争格局，先对市场结构进行综合分析。

市场结构最典型的一个指标便是市场集中度（Concentration Rate，CR）。所谓市场集中度，就是某一市场中位于前几位的厂商占据该产业总体市场份额的比例，一般选择前4～8家厂商。这一指数在很大程度上反映了该环节是形成了高度垄断还是竞争的格局，市场集中度越高，该市场垄断程度越高。例如，若排名前4家企业占据整个市场份额的90%以上，则该领域几乎所有市场都被这几家企业瓜分，寡头垄断态势明显，其他企业进入的机会很少，我们熟悉的石油、电信、铁路等都具有这一特点；若排名前4家企业占据整个市场份额不足10%，则它们无法左右市场走向，这样的市场竞争程度较高。所以，市场集中度越高，垄断性越高；反之则竞争性越高。

由于目前NB-IoT和LoRa在国内的商用速度较快，产业链发展相对完善，我们仅选用这两者进行市场结构对比。实际上eMTC和NB-IoT有着高度重合的产业链，这样的对比也在很大程度上反映了eMTC产业链各环节的市场结构。我们以 NB-IoT 和 LoRa 两种技术标准为基础，对每一环节的市场集中度进行大体预估。由于目前条件下无法获取各企业的市场占有率的具体数据，我们从各环节企业的相对体量出发来估算市场集中度，集中度的大小反映在图 5.4 对应矩形框的长度上，长度越长，集中度越高；长度越短，则集中度越低。

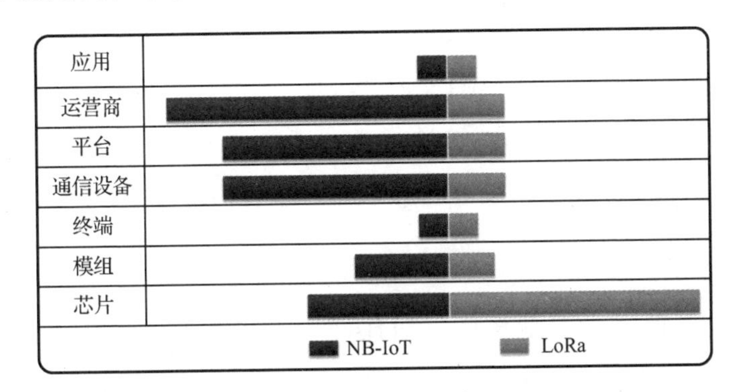

图 5.4 NB-IoT 和 LoRa 的产业集中度对比

我们可以从产业链的不同层面进行具体分析。

芯片领域的产业集中度

对于 NB-IoT 芯片来说，众所周知，当前华为海思、高通、MTK、中兴微电子、展讯锐迪科等厂商已推出 NB-IoT 芯片或在研发计划和实施阶段，具有生产蜂窝 LTE 芯片能力的厂商均可参与，无法形成前 2～3 家垄断大部分市场的局面。不过由于这一领域的厂商数量并不多，而且蜂窝通信芯片的设计有一定门槛，因此也不会有大量的市场参与者。这些参与者基本都是手机芯片市场的参与者，手机芯片市场是高通占据半壁江山的局面，但对于 NB-IoT 芯片来说，大家基本都在同一起跑线上，因此估算下来前 4 家市场集中度会保持在 60%左右。

而在LoRa阵营中，目前LoRa通信芯片供应集中在Semtech一家厂商，该公司提供SX127x和SX1301系列芯片，占据几乎所有的LoRa芯片市场份额。虽然Semtech在很多场合表示会开放LoRa芯片授权，但目前来看进展并不快。已公开宣布的有和Microchip、Gemtek、ST的合作，实际上和ST的合作主要是开发内置LoRa技术的微控制器，让STM32系列产品可支持LoRaWAN标准化协议；和Microchip的合作也是由其推出内置LoRaWAN的模组；而和Gemtek的合作则是推出SiP封装的LoRaWAN产品。这些并非是真正意义上提供了IP授权由其他厂商设计LoRa芯片。从这个角度来看，LoRa芯片的市场集中度几乎为100%。

因此，在两者的产业集中度对比图中，LoRa芯片领域的集中度矩形框的长度远远大于NB-IoT芯片的集中度矩形框的长度。

模组领域的市场集中度

在模组环节，由于具备渠道、技术、规模优势，很多NB-IoT模组的出货量应该掌握在原来拥有2G/3G/LTE模组产品线的厂商手中，如Simcom、移远、移柯、有方、中兴物联等，这一群体的主要厂商大概为10家左右。不过近年来有一些新的厂商进入该领域，包括骐俊物联、利尔达、懂的通信、新华三等，使整个产业中的厂商数量超过20家，而且由于进入门坎相对芯片低很多，还有一些厂商准备进入该市场，形成了一定的竞争力量，故也无法形成较高的市场集中度。预估前4家的市场集中度低于40%。

在LoRa模组群体中，国内最早进入该领域的是一些中小企业甚至是创业企业，如八月科技、门思科技、唯传科技、南鹏电子等。这一领域进入门槛不高，在 LoRa 普及和应用数量越来越多的情况下，大量厂商开始入局，其中不乏有方科技、利尔达、新华三等大厂商的加入，但还是没有形成高度集中、规模化的出货厂商，而大量中小企业使得整个市场呈现出相对充分竞争的状态，表现出来的市场集中度较低，预估前 4 家厂商的市场集中度小于 20%。

终端环节的市场集中度

5.2 节提到过，物联网面对的是非常多样化的终端群体，低功耗广域网络领域的终端也是如此。由于低功耗广域网络通信技术是大量行业、消费终端所需要的，而终端的种类多种多样，无法形成少数企业拥有大规模终端的市场。当然，终端市场有其特殊性，很多传统终端本身并不在物联网产业链中，但随着物联网技术“入侵”终端，这些终端也成为物联网产业链中重要的组成部分。

一些行业中的终端具有一定的集中度，如水表领域，国内几家规模较大的水表厂商占据的市场份额较高，假以时日，当这些水表都采用 NB-IoT 或 LoRa 技术，成为智能表后，它们在智能水表终端中可能会占有一定的市场份额，但是放到整个低功耗广域网络终端中来看，这个量级并不大。试想一下，每年数千万个智能水表在数十亿个低功耗广域网络终端面前无法形成高的市场集中度。单从总体数量来说，终端领域的市场集中度较低；不过，不同行业之间的终端本身没有太多的垄断竞争关系，同一行业内部的终端厂商才是真正需要考虑垄断和竞争关系的。

因此，在具体行业中，行业终端有其自身的市场集中度，采用低功耗广域网络的终端厂商形成的市场集中度与不同企业对该技术的态度、该行业原有的市场集中度密切相关。一般来说，一个行业中企业对低功耗广域网络技术的接受程度越高，其形成的终端市场集中度越会下降，因为加入这一行列的企业越来越多；而新的终端形成的市场集中度和该行业中原有的市场集中度不会偏离太大，除非有新的“搅局者”进入。

终端环节对于 NB-IoT 和 LoRa 机会都是均等的，有些终端厂商更偏向于 NB-IoT，有些终端厂商更偏向于 LoRa。对于上游厂商来说，由于其产品可以应用于所有行业终端，因此它们所面对的是一个集中度非常低的市场，当该技术成熟后，它们可选择的终端厂商非常多。

通信设备环节的市场集中度

通信设备对于 NB-IoT 和 LoRa 两类技术来说有不同的群体，NB-IoT 通信设备主要由原 LTE 蜂窝网络通信设备厂商提供，而在不少通信行业人士的眼中，LoRa 更倾向于 IT 类技术和设备，两者的通信设备厂商有少量的重合，但更多地是不同差异化的厂商。

对于 NB-IoT 来说，华为、爱立信、中兴、诺基亚等主流通信设备厂商是 NB-IoT 标准的核心参与者和推动者，在蜂窝通信市场上，这些主流设备厂商已占据绝大多数市场份额。在 NB-IoT 商用中，它们依然会是通信设备供应的主力，它们提供 NB-IoT 基站接入网设备、分组核心网设备等，各家运营商采购的设备也主要来自这几家厂商，因此它们不可避免地占据绝大多数市场份额，可以说在这一环节市场集中度较高，前 4 家厂商的市场占有率可能达到 80%以上。

而对于 LoRa 来说，其通信设备更多地是接入网设备的部分，当终端数据收集到网关（基站）后，可以通过已有的 4G、有线等方式回传。从一开始就有大量的中小企业参与 LoRa 基站设备的研发和生产，目前具备整体方案提供能力的厂商很多，且没有出货量具有明显规模化优势的厂商，因此并不能形成高市场集中度。即使是中兴通讯发起的中国 LoRa 应用联盟（CLAA）、新华三等，也仍然不会形成 NB-IoT 在这一环节的高集中度，预估前 4 家厂商的市场集中度为 30%左右。

平台环节市场集中度

对通信设备管理的平台和设备厂商往往绑定在一起，而对于连接管理、应用使能功能，不少通用的平台也接入了低功耗广域网络设备。当然，也出现了一些专用于低功耗广域网络设备的平台，如法国的 Actility 和中国的艾森智能、粒聚智能等。

如果仅从网络设备管理平台来看，通信设备厂商并非提供单独的硬件，往往是包含设备和平台的整套方案。NB-IoT 设备供应商也提供与其设备配套的设备管理平台，LoRa 网关供应商也提供后端平台。从这个角度来看，平台环节的市场集中度和通信设备环节的市场集中度类似。

应用环节市场集中度

低功耗广域网络的行业应用非常广泛，和行业终端环节有点类似，但也有很大差别。行业应用一般需要一些既了解物联网技术又熟悉具体行业的一些集成商来实施，这些集成商在实施中会形成一定的壁垒，但这种壁垒并非是不可打破的。由于行业中每一个用户的需求个性化比较明显，这种提供行业应用解决方案的厂商数量也比较多，很难形成大规模的垄断局面。另外，若是放到整个物联网行业应用市场来看，行业应用的企业数量是非常多的。

因此，无论是 NB-IoT 还是 LoRa 网络，均要面对成千上万的多样化的应用需求。这些物联网的应用无法形成如传统通信时代数亿级同质化的应用业务，而是碎片化特点突出，即使同一行业中，也有千差万别的需求，因此应用环节不会形成高的市场集中度态势。

总体来看，非常明显的是 NB-IoT 的产业链上多个环节具有高市场集中度，尤其是核心技术、产品的供给环节，可以看出这一领域更多地是巨头主导的；LoRa 产业链上芯片环节形成高市场集中度，其他环节皆是有大量参与者的态势。当然，这些市场结构也是在外部环境、进入退出壁垒、产品差异化等多重因素作用下形成的，在既有市场结构下，参与其中的企业会以不同的方式开展竞争合作。

5.3.2 市场结构下低功耗广域网络企业的行为

根据产业组织理论中“市场结构—企业行为—市场绩效”的框架，有了以市场集中度为代表的市场结构分析，我们就可以对企业行为进行探讨。在特有的市场结构下，对应着非常明显的企业行为，而在物联网大背景下诞生的低功耗广域网络，企业的行为代表着物联网市场中的一些典型的特征。

市场结构对企业行为的影响路径

在传统产业中，完全竞争、完全垄断、寡头垄断等市场结构往往被提起，相应的市场结构特点非常明显。例如，石油、公用事业、装备制造形成明显的寡头垄断形态，而零售、餐饮等更具有完全竞争的特点。在这些显著的市场结构下，企业的行为大多遵循着经典产业经济研究的行为特征，如价格合谋、领导性定价的行为适合寡头垄断市场格局，而歧视性定价、产品差异化适合具有一定垄断竞争性市场结构。

不过，低功耗广域网络的产业结构具有一定的复杂性，无法用“完全竞争”、“垄断竞争”、“寡头垄断”等单一词汇来描述市场结构，要在具体产业链环节和不同技术标准应用中判断每一垂直领域的市场结构，各类垂直领域组合起来形成整个产业市场结构。另外，即使确定的市场结构，对企业行为的影响也和传统结构对企业行为的影响之间差别很大，这源于物联网应用需求的特征。

传统行业处于垄断地位的厂商可以进行掠夺性定价，卖方能力强大；但在物联网产业中，所有物联网的供应商面对的是国民经济的各行各业，各传统行业是物联网的需求方，也决定了需求的碎片化。强大的卖方垄断力量一般有一个前提，即大量的需求且需求具有一定程度的同质化，传统行业有这个特点，但物联网应用中并不是，行业间、行业内有成千上万的非统一化终端和应用。低功耗广域网络为物联网应用提供连接方案，即使是拥有高市场集中度的某些环节，在大量碎片化应用面前仍无法形成垄断的卖方力量。

纵向一体化成为低功耗广域网络企业行为的典型特征

由于物联网应用的特点，市场结构对企业行为的影响路径已发生改变，那么低功耗广域网络产业中的企业行为呈现出哪些不同的特征呢？在笔者看来，这一领域的企业正在逐渐形成“纵向一体化”的典型特征。

一般来说，在既定市场结构下，企业的定价策略、产品差异化、竞争手段等是产业研究者所关注的行为。当然，低功耗广域网络中不同厂商也在不断实施这些行为，如 NB-IoT/LoRa 相关供应商也在高度关注同行在模组、网关、平台等方面的定价、功能，也会采取相应的措施以取得较好的市场地位。但身处物联网市场环境中，为了给用户提供更好的应用，各类厂商的纵向一体化行为更为突出。“纵向一体化”在此不仅包括企业向其产业链上下游其他环节的扩展，也包括在产业链上以紧密或松散的方式实现闭环的物联网应用。在低功耗广域网络领域，目前已有多个纵向一体化运作案例。

① 产业联盟发挥纵向一体化力量。

物联网已有大量的产业联盟，正如本书第三章所述，LoRa 联盟是其中少量运作有效的联盟之一，在 LoRa 联盟的推动下，适用于广域网络的 LoRaWAN 规范建立并不断完善，产业链从底层到下游的应用丰富起来，大量行业、企业级应用在全球开展起来，多家运营商也部署了覆盖全国的 LoRa 网络；另外，3GPP 组织产业链企业快速完成了 NB-IoT 核心协议的冻结，NB-IoT 产业链越来越丰富。可以说，通过产业联盟的运作，让上下游纵向一体化的力量发挥出来，才有了 NB-IoT、LoRa 在短短几年内成为物联网领域的奇兵。

② 典型企业的纵向一体化思维推进应用布局。

即使低功耗广域网络核心供应商占据大量的市场份额，但在产业链上仍广泛发展上下游合作伙伴。NB-IoT 主导者为大型设备商、芯片商和运营商，不过仍不断地去拓展垂直行业的典型应用，凸显从解决方案到应用的纵向一体化联动。例如，高通在推出融合 LoRa/eMTC/GSE 的三模芯片 MDM9206 后，并不是仅仅关注于芯片销售，而是尝试与有典型应用的厂商合作来推出各种用例；LoRa 的主要参与者也大幅发挥纵向一体化的作用，以应用为导向，如中兴通讯发起中国 LoRa 应用联盟（CLAA），自身专注于云化核心网和基站设备，与模组、终端、应用方一起，形成一张全国性虚拟 LoRa 网络，没有纵向一体化的思路是无法实现这一布局的。

③ 中小型方案供应商也在实践纵向一体化。

非授权频谱低功耗广域网技术相对简化且具有开放性，大量中小企业也具备了端到端的能力并为客户提供整体的解决方案，而不是仅提供单一设备。例如我们比较熟悉的 LoRa 方案供应商升哲科技、唯传科技、门思科技、拓宝科技，以及拥有 ZETA 方案的纵行科技等中小企业，为各行业客户提供模组、网关、平台的一整套方案。从提供设备转变到提供一整套方案，正是纵向一体化的体现，虽然一开始有教育市场的考虑，但也是一种理性的行为。

总体来说，在低功耗广域网络的企业行为中，价格、产品策略已不再是亮点，纵向一体化是最突出的特点。纵向一体化更多地考虑形成完善的产业生态系统，通过生态系统来推动应用的发展，当然这种企业行为在很大程度上源于低功耗广域网络市场结构中应用碎片化的特点，最终市场绩效在很大程度上取决于这种纵向一体化如何在最大程度上降低应用碎片化。在物联网这些年的发展过程中，生态建设已是共识，但似乎低功耗广域网络的纵向一体化是更为明显也可能是物联网领域中最先成功的产业生态建设示范。

5.3.3 低功耗广域网络绩效：互补和替代

经过纵向一体化的行为，最终会形成什么样的绩效呢？最直接的绩效就是不同技术阵营的产业生态发展状况。国际知名电信与信息技术商业策略研究机构 Ovum 在 2017 年 6 月发布报告称：NB-IoT 可能主宰亚太地区的物联网部署，不过，Ovum 也提出，非授权频谱的标准在利基市场也有很大的实施空间。Ovum 对这一市场的判断有一定的合理性，近两年来低功耗广域网络还没有大范围实施和应用，国内市场的现状是多标准都在开拓市场。第三章提到过，国内三大运营商对 NB-IoT 的支持已经是板上钉钉的事，从而带动整个产业生态的发展，而 eMTC 预计 2018 年也将开始进入人们的生产生活。除此之外，LoRa、RPMA、ZETA 等也都在一些垂直领域开始落地。未来的市场格局可能形成“一强多补、兼容并存”的格局，即基于授权频谱的技术占据大多数市场份额，其他非授权频谱在各自利基市场站稳脚跟，和授权频谱技术形成补充。不过，这些“补充”市场中，LoRa 产业生态可能占据了绝大多数市场份额。

多项标准、多主体探索 LPWAN 应用

在对低功耗广域网络应用的探索方面，国内企业的积极性更高。各类技术标准已在国内形成一些典型的案例，尤其是 NB-IoT 产业生态的完善程度，在全球都处于领先地位，这也是 Ovum 认为 NB-IoT 可能主宰亚太地区物联网部署的最主要原因之一。另外，Ovum 还认为亚洲呈现多供应商支持的状态，NB-IoT 在亚洲各国尤其是中国确实得到产业生态的支持，几乎每天都有 NB-IoT 在不同领域的应用、基于 NB-IoT 各类终端推出的新闻，从此前的抄表、停车、资产追踪等少量案例到共享单车、农业、安防等更多行业。

LoRa 在全球形成了成熟的生态，因其灵活的部署和门槛不高，在国内有大量企业参与应用开拓，不但有新华三、中兴克拉、鹏博士、上海广电等行业领军企业的支持，也有唯传科技、Sensoro 等新锐创业企业全身投入，更有不计其数的各类模块、终端、应用企业的推进。从 2013 年开始进入中国，到 2017 年预计 LoRa 芯片在国内的出货量将超过 1000 万个，LoRa 的星星之火已初步形成燎原之势，在国内大量企业级项目中落地。

作为美国 Ingenu 公司在国内的唯一代表，无锡九洲通讯公司近年来也持续在国内推广 RPMA 技术，构建物联网专用网络，目前已在无锡、苏州、深圳等地开始部署基于 RPMA 的网络，并推动电网、智慧城市、能源等行业应用接入 RPMA 网络。

纵行科技也推出了自主知识产权的低功耗广域网络技术 ZETA，与中兴微电子、中国铁塔、中电科公共设施等企业合作，基于该技术已在照明物联网、楼宇物联网等垂直领域实施了成功案例。值得注意的是，纵行科技还与中兴微电子合作推出了 NB-IoT+ZETA 双模物联网解决方案，为电信运营商提供了一种创新的低功耗物联网部署方案，该方案在频谱利用和部署成本上优势明显。

另外，已在医疗冷链领域占据较大市场份额的洲斯物联自主研发出低功耗广域网络通信技术interBow，也推出了各类网关和传感器及PaaS平台，除了在医疗冷链的应用外，其整套方案也可用于资产管理、环境监测等多个领域。洲斯物联网还推出了NB-IoT网关，将其Interbow低功耗通信和窄带物联网通信融合，实现更广泛的应用。

可以看出，除了通信巨头推动NB-IoT/eMTC商用外，各类其他非授权频段的低功耗广域网络技术也在国内开始扎根，不少已在利基市场形成自身的一些差异化优势。当然，这些技术也在积极探索与授权频谱技术的融合，实现与NB-IoT/eMTC的兼容并存。

长尾市场带来的"一强多补"

各类低功耗广域网络阵营中形成的市场结构和企业形为，最终绩效在未来是否能够并存？笔者认为是可能的，不过基于运营商的授权频谱技术可能占据大部分公网市场，LoRa因其先发优势在行业/企业级专网中占据剩余市场的大部分，其他技术发挥各自优势，在专用的利基市场形成一定的壁垒。这种"一强多补"的格局源于物联网行业应用的"长尾效应"。

① 长尾效应中的个性需求。

对于公网运营商来说，规模化、同质化、统一的行业应用需求是其更希望看到的，所以在一些容易形成规模化应用的行业领域，基于授权频谱的运营商级网络发挥作用，它考虑更多的是大部分通用性需求。但物联网应用不同于传统通信需求，大量长尾市场中，一些用户有其个性化需求，但其规模并不足以让公网为其专门设计，此时就需要一些专门设计的连接方案。

不少低功耗广域网络技术的商用和演进是以应用为导向的，如洲斯物联网的 Interbow 在研发中就考虑到了医疗冷链在最后百米通信中的一些痛点，因此以“百米穿 3+堵墙、50+米穿冰箱”的目标来研发；纵行科技 ZETA 考虑到低功耗网络部署中对网络边缘设备的支持不足，特以自组网的中继 Mote 有效地解决了恶劣环境下边缘节点和 AP 通信问题；RPMA 则采用全球通用的 2.4G 频段，让所有终端可以统一频率、全球漫游，非常适用于一些终端企业全球业务的开展。

这些以应用导向的一些专门设计可以看作企业行为的表现，当然是在现有 NB-IoT、LoRa 占据较大份额的市场结构下，让自身非授权频谱的 LPWAN 技术在一些垂直领域受到青睐，建立起自身的“护城河”。物联网终端具有较长的生命周期，在终端生命周期内，这些技术会持续存在，因此在 5～10 年的时间里，物联网的长尾效应使得“一强多补”的局面会持续下去。

② 长尾市场中的相对“规模效应”。

虽然是长尾市场，但物联网面对的是国民经济的各行各业，每个行业中的细分领域对低功耗广域网络都有一定的需求。由于中国经济规模庞大，各行业门类齐全且都具有相对较大的规模，每一细分领域相对于国外来说都是巨大的市场。各类非授权频谱低功耗广域网络技术只要对市场定位选择明确，仍然可以获得较好的收益回报，保证其长期存在。

以医疗冷链为例，2016 年中国医药企业销售收入超过 2.6 万亿元，中国医药商业行业协会的统计数据显示，冷藏药品约占医药销售总额的

25%，也就是说，有价值超过 6000 亿元的药品需要冷链物流，那么在冷链物流过程中对药品的追踪监测需要低功耗广域物联网应用，而药品冷链过程中的一些特殊需求可能给非授权频谱 LPWAN 提供了巨大的市场规模，让其能够获得较好的收益。

其实，长尾市场的“规模效应”不仅体现在需求方，供给方也有一定的“规模效应”。当某一长尾市场对低功耗广域网络有一定需求时，供给方可以快速找到或做出对应的终端、设备供需求方测试使用。国内市场电子、软件类产品的供应链非常完善，各类渠道非常丰富，保障了供给方对用户弹性的“规模效应”。当海外市场还在苦苦寻找一款物联网终端时，我们在某宝上就可以轻易地找到多种型号、多种用户的终端。

看看移动互联网的发展历程，中国已成为全球移动互联网应用最为广泛的国家，如移动支付、O2O、共享经济的便利程度让其他国家叹为观止。未来物联网也会像移动互联网一样，中国必将是物联网应用最为丰富的市场。而这种丰富的物联网应用，有赖于大量的参与者通过市场化竞争获得，低功耗广域网络领域正在经历这个过程，“一强多补、兼容并存”的格局将为市场带来丰富的低功耗物联网应用。

除 NB-IoT 及未来部署的 eMTC 以外，由于 LoRa 的发展也处于初级阶段，就 Semtech 本身的产品线来说，LoRa 相关产品在中国市场所占比例还比较少，但是，随着物联网产业的不断发展成熟，中国市场将形成万亿级的规模，LoRa 相关产品在中国的需求势必大幅增长，会成为补充市场中最强大的力量。笔者曾经采访过 Semtech 的 CEO Mohan Maheswaran 先生，他认为，对于 Semtech 来说，未来中国市场的 LoRa 相关业务将是全球最大的，占据全球 20%～30%的份额。

5.4　产业生态的力量："猛虎"还是"蚁群"

产业链和产业组织的各种行为都是为了增强产业的生态力量。随着物联网在各垂直行业升级中使能作用的逐渐发挥，物联网产业链中各类企业面对的产业环境越来越复杂，最为典型的是用户对于一体化解决方案的期望越来越高。笔者曾经和大量从事低功耗广域网络产品和解决方案的企业交流过，大多数企业对这一特点非常认同。在这样的背景下，相关企业不仅需要内在的竞争优势，也需要外在的整合，即构建或融入生态的能力。

5.4.1　新产业环境，一体化、整合化需求提高

2016年12月，中国信息通信研究院发布了《物联网白皮书2016》，其中对于物联网产业整体态势有一个描述，为"传统产业智能化升级和规模化消费市场兴起推动物联网的突破创新和加速推广"。可以说，这是对物联网各环节企业所面临的新产业环境的典型描述。如果以国民经济产值的统计方法来看，物联网企业所产生的技术、解决方案的产值并不能计入最终的国民经济产出，因为它们更多地是为各行业升级和消费转型提供一种能力，只属于中间投入。

在这样的背景下，NB-IoT核心协议的冻结、LoRa在各类行业应用

中的探索等努力，都是在为国民经济各行业的最终产出提供物联网能力。2016 年低功耗广域网络成为炙手可热的焦点，它们主要补齐了物联网通信层的短板，让物联网领域的企业可以进一步为传统产业升级和消费转型提供完整的物联网能力。不过，对于需要升级的产业用户和消费者来说，他们所需要的绝不是一个让原来无法联网的设备与网络连接起来，而是实现其升级和转型，一体化、整合化的解决方案才是其所求。

低功耗广域网络可以广泛应用于抄表、市政资产管理、安防、能源管理、农牧业等各个传统行业，但最终的实现还需要硬件终端、平台的配合，或者用户场景中还有高带宽、局域网络方案的需求，以及熟悉该行业的生产经营流程。在此之前，各传统行业信息化的需求也具有一体化、整合化的特点，催生了大量系统集成商。不过，这些解决方案更多地是为了实现人与人的通信，有通用和标准化的模式，不同领域的企业还只是上下游和供应链的关系，并不需要深入地融入到用户生产经营流程中。在新的背景下，能提供低功耗广域网络解决方案的企业除了要具备自身的竞争优势外，还需要具备构建产业生态或融入产业生态的能力。

5.4.2 新环境下的生态优势

长江商学院廖建文、崔之瑜两位专家于 2016 年 7 月在《哈佛商业评论》中文版发表了《企业优势矩阵：竞争 VS 生态》一文，提出了新的环境下企业生态优势的观点。笔者认为该观点对低功耗广域网络产业具有重要的借鉴意义。

以往的产业经济学和战略管理对企业优势的解读主要来自两个方面：产业结构和竞争地位。其中产业结构决定了企业在该产业中的地位，以及该产业的垄断或竞争程度，笔者在本章前面内容中对NB-IoT、LoRa产业链各环节产业结构做了对比分析，该领域的很多环节并不是高度垄断的产业环境，企业大部分还处于公平的市场竞争状态。在竞争地位方面，战略管理大师迈克尔·波特的“五力模型”和其他学者的核心竞争力模型对此进行了解读。一般来说，企业拥有的稀缺核心资源可以构建核心竞争力，这也是当前很多参与NB-IoT、LoRa的各类企业所不断追求的。

不过，正如前面所提到的，环境的变化给以往基于产业结构和竞争地位所积累的竞争优势带来了一定的冲击。因为物联网让产业进入了一个跨界不确定性的状态，原有积累的竞争优势具有一定的刚性和单一性，而新环境需要企业保持开放、灵活。此时，另一个缓和因素“生态优势”就应运而生了。

根据廖建文、崔之瑜的解释，生态优势的内容和特点如下。

生态是指具有异质性的企业、个人在相互依赖和互惠的基础上形成共生、互生和再生的价值循环系统。企业的优势不仅来源于内部价值链活动的优化和资源能力的积累，还来源于对外部资源的有效利用，也就是企业组合商业生态圈元素，协调、优化生态圈内伙伴关系的能力。

此时，企业优势的来源就被修改成三个方面：产业结构、竞争地位和生态优势。其中，产业结构具有不可逆转的特点，而竞争地位和生态优势是企业可以自己把控的内容。在低功耗广域网络领域，既有各类企业通过技术标准、研发、规模化、供应链等方面的资源来构建自身竞争地位的“围栏”，也有大量企业组成产业联盟，开展集体行动，拓展自身的生态优势。

5.4.3 企业优势全景图下的低功耗广域网络产业

在《企业优势矩阵：竞争 VS 生态》一文中，作者提出了企业优势全景图，正好可以作为低功耗广域网络产业竞争优势和生态能力研究的框架。该全景图以竞争优势和生态优势为两个维度，可以勾画出不同企业的优势图谱（见图 5.5）。

图 5.5 生态矩阵

其中，“熊猫”维度是竞争优势和生态优势都比较欠缺的企业；“猛虎”维度指的是具有核心竞争力，能够在既定的轨道上不断创新、实现突破，但是不善于接连外部资源和伙伴的企业；“蚁群”维度是自身的核心竞争力不强，但对产业变迁的趋势有灵敏的洞察力，对生态圈伙伴有号召力或开放性，善于调动和利用外部资源为己所用；“狼群”维度是同时具备竞争优势和生态优势的企业，实际上物联网发展中的不确定、复杂的环境要求更多“狼群”的出现。

这个矩阵可以为LPWAN产业中的参与主体勾勒出大概的分布图。

举例来说，不少目前仍处在研发、试验阶段的应用、开放实验室、政策保护的试点应用等都处于“熊猫”维度，由于还未建立起竞争优势，也没有太多的市场主体参与，还需要逐步的培育。但“熊猫”维度并不代表一直受保护下去，如NB-IoT开放实验室，实际上经过一段时间的运转，大量合作伙伴加入开放实验室，产业生态逐步繁荣，它逐步从“熊猫”维度向“蚁群”维度进化；NB-IoT研发的核心标准技术若最终完成后符合市场需求，则将过渡到“猛虎”维度。所以，从这个意义上说，“熊猫”维度中存在的是具有向上和向右进化能力的主体。

从产业资源、产业影响力及技术储备来看，NB-IoT产业的核心推动者华为、高通、沃达丰、爱立信等芯片、设备厂商及主流运营商具备了“猛虎”维度的特征。不过，在物联网时代，这些巨头们不再独享自有资源，而是更多地联合产业中所有环节企业。NB-IoT一年多的发展足以说明巨头们对构建生态能力的重视程度。因此，处于“猛虎”维度的企业已经有意识地去开放合作，培养生态能力，不断将自身向“狼群”的维度推进。还有一个非常典型的企业就是大家所熟知的Semtech，这家独家拥有LoRa IP的厂商，独家供应LoRa芯片，本身具备了竞争优势的护城河，目前也在通过LoRa Alliance及和各国有影响力的企业合作，推进生态能力建设。

目前国内大量中小企业加入中国 LoRa 应用联盟、中国 LoRa 物联网产业运营联盟、中国 NB-IoT 产业联盟等组织，成为 LPWAN 的“蚁群”的主体。当然，这种做法前期也是出于生存的考虑，通过融入生态系统，增强生态能力。但也是以生态能力来弥补竞争优势的不足。从长远来看，当产业环境趋于稳定时，竞争优势的重要性便会凸显出来。所以，“蚁群”维度的主体的努力方向也是向着“狼群”维度去推进。

CHAPTER 6

第六章

赋能力量：产业生态中的“供给侧”群体

从第五章的产业生态中我们可以看出，芯片、模组、设备、平台和运营商这些企业都是为最终的行业应用提供物联网技术的群体，包括终端厂商和行业应用集成商也是采用这些技术和设备为下游用户提供服务的，这些都可以称为低功耗广域网络的“供给侧”力量，也正是这些群体的存在，赋予下游用户物联网的能力，因而我们也可以称其为“赋能者”。本章将重点揭示供给方的情况和重点企业。

6.1 切莫拔苗助长，目前仅是供给方拉动阶段

随着产业链中各厂商的积极运作，低功耗广域网络从 2016 年开始就获得了快速发展，第五章也对其产业生态做了一些描述，过去频频曝光的新闻显示芯片、网络、设备都做好准备，处于规模商用的前夜。不过，这并不代表低功耗广域网络带来的物联网产业进入全面爆发阶段，笔者判断 2017 年该领域的发展仍是以供给推动为主的阶段，也就是说，是以低功耗广域网络赋能者为主来积极推进，应用者相对被动。在以供给推动为主的阶段，应用的全面、爆发性增长暂不会到来，我们仍需等待需求拉动的力量来引导应用爆发式增长。

6.1.1 利好不断就代表全面繁荣吗

在国内，2017 年对于低功耗广域网络，尤其是 NB-IoT 来说无疑是商用元年，在这一年发生了多个正式商用“里程碑”式的标志性事件，集中表现在芯片、网络和应用三个方面。

万众期待的芯片开始了规模化出货

从 2016 年开始的 NB-IoT 声势浩大的宣传中，行业内“只闻其声、不见其形”，大部分终端厂商、解决方案厂商并未亲眼见过芯片，更不用说商用了，芯片量产可以说是万众期待。而在 2017 年 3 月，这一愿

望终于实现了。

在2017年3月30日深圳召开的智慧水务论坛上，华为产品与解决方案Marketing与解决方案部总裁张顺茂透露：“华为自主研发的NB-IoT的终端芯片已支持规模商用，4月份可发货20万片，后续每月100万片。”在2017年4月12日的华为分析师大会上，华为LTE产品线副总裁赵志鹏再次确认：NB-IoT芯片Boudica 120于4月份开始规模发货，月发货能力可达百万片以上。

芯片的量产大大降低了NB-IoT模组的成本，从而降低了应用门槛。业内人士曾撰文指出：“NB-IoT的模组在上市初期，量产价格预计在70～110元左右，因此模组价格成为了NB-IoT海量规模化发展的瓶颈；NB-IoT模组出货量进入第一个百万级，可推动成本下降15～20元；当出货量达到500万级别时，成本可下降到50元；当出货量进入千万级别后，NB-IoT模组的价格可进入30元之内，与2G的GSM模组进行正面竞争。”

根据华为海思出货计划，再加上高通、展锐、中兴微电子等其他芯片厂商对NB-IoT芯片的路线图，2017年度NB-IoT芯片规模上量是大概率事件，从而推动了模块成本快速下降。

网络广覆盖和运营不再是纸上谈兵

2017年春节刚过，鹰潭这座三线城市突然成为物联网圈子中的焦点，这源于中国移动和中国电信分别在鹰潭建成了全域覆盖的NB-IoT网络，城市级低功耗广域网络的开通，示范效应非常明显。在第四章中，笔者曾提到，在2017年5月17日这个值得纪念的日子里，中国电信宣布建成全球最大的 NB-IoT 商用网络，部署基站数量 31 万个；中国移动于 8 月也全面开始了 NB-IoT 网络的部署，投入超过 400 亿元进行招标；中国联通在此之前虽然只是在多个城市试点，但随着联通混合所有制改革的落地，原来的资金短缺问题也不再是问题，进行 NB-IoT 的商用也会加速。所有这些，让 NB-IoT 的商用有了网络环境，不再是纸上谈兵。

具有规模应用场景的典型试点启动

应用方面，虽然此前低功耗广域网络在大量行业中已有试点且解决了用户的问题，但对于运营商级的 NB-IoT 网络，零散的应用不足以支撑网络的容量，因此需要具有规模化场景的应用。目前，以智能抄表、共享单车、智能家电为代表的规模化场景开始涌现。

2017 年 3 月底，华为、中国电信和深圳水务联合发布全球首个基于 NB-IoT 的智慧水务应用正式商用，紧接着顺德智慧水务 NB-IoT 抄表也正式商用，6 月份福州水务宣布了 30 万台智能水表的改造项目，智慧水务先从抄表切入，每个城市中上百万的水表数量代表着规模化的终端。

共享单车也积极拥抱物联网，摩拜与中国移动、爱立信进行蜂窝物联网测试，ofo 与华为、中国电信探索基于 NB-IoT 的智能锁开发。

智能家电以往主要以 WiFi 连接为主，但从 2017 年开始，海信、海尔、美的、格兰仕等家电巨头纷纷开始探索和推出基于 NB-IoT 的智能家电。

表计（电能表计量检测装置）、单车、家电的数量以千万计，从而能够支撑芯片的批量出货和网络大规模商用。当然，应用场景主要还以需求侧为主，我们将在第七章中具体解读需求侧的内容。

这些利好确实激动人心，但在 NB-IoT 的商用过程中，似乎更多的是芯片、通信设备和运营商这些物联网技术赋能者、供给者积极主动地推进，而需要 NB-IoT 解决方案的各类传统行业的需求者处于一个接受和跟随的状态，虽然表计、单车、家电行业已开始试点，但离规模化应用好像还比较远，NB-IoT 的商用是供给推动和需求拉动力量阶段性变化的过程。

6.1.2　供给和需求力量博弈的三个阶段

在 2016 年 6 月 NB-IoT 核心协议冻结之后，笔者曾经撰文认为，NB-IoT 产业的进展可能会经历三个阶段，而这三个阶段也基本反映了低功耗广域网络商用的三个阶段。

第一阶段：供给推动强于需求拉动，树立规模示范是核心。

第二阶段：供给推动和需求拉动共同发力，应用大范围扩展。

第三阶段：需求拉动为主，产业成熟。

供给侧强于需求侧的第一阶段

第一阶段的时间段可以设定为标准确定到网络大规模部署后一年（主要是针对 NB-IoT、LoRa 在 NB-IoT 教育市场中同步演进）。很明显，水、燃气等表计、城市中到处可见的共享单车及每年稳定出货千万级的家电是物联网赋能者首先看重的批量化终端。因此在这一阶段，我们所看到的是芯片商、运营商、设备商积极奔走的身影，他们游说终端和应用厂商加入试商用阵营，这是供给推动作用下的结果。

在设备商、运营商花巨资部署网络之初，面临的最大风险就是接入终端数量的不足，因此供给方所要做的是在短时间内寻找规模化、批量终端，促成这些终端接入网络，正如当年3G商用初期，运营商每年支出数百亿元进行终端补贴，快速增加入网终端的数量一样。表计、单车、家电类终端作为低功耗广域网络典型的目标群体和需求方，具有规模化、同质化的特点，且已开始尝试拥抱物联网。

这一阶段的特点是供给推动强于需求拉动，由于物联网应用的生命周期较长，各需求方在面对这一新事物时考虑的往往不一定是最先进的技术，而是网络是否无缝覆盖、成本是否足够低、方案是否足够稳定完善，从而保障自身生产的稳定性，故很多需求方还持观望的态度，不会出现规模化、大面积爆发的应用需求，而是示范性应用。

供给侧和需求侧共同发力的第二阶段

第二阶段将出现在低功耗广域网络示范效应稳定运行一年以后，已有一定量的终端接入，网络稳定，芯片、模组成本进一步下降，需要一定的周期来实施的应用也准备就绪，各类行业应用也看到了低功耗广域网络为其带来的好处。此时，对网络的需求开始逐渐放量，公用事业、农业、工业、物流、家居、消费电子等各领域开始应用，需求方的力量开始加码，供求双方共同发力来推动。

这一阶段的特点是供给方和需求方共同推动，运营商、设备商等供给方仍然以具有规模化终端和应用的对象为主，但大量分散的终端自发需求增多，如仅有少量终端的用户可以通过便捷的网络接入实现行业应用，低功耗广域网络应用开始大范围扩展。

以需求侧为主的第三阶段

第三阶段是在低功耗广域网络正式商用 4～5 年后，预计接入该网络的终端和应用较为丰富，运营商已探索出适用的商业模式，此种类型的网络成为物联网网络层成熟的连接方式。此时，网络接入成本更低，各种需要低功耗广域网络的长尾、碎片化需求也开始不断增加，随着物联网产业生态系统的完善，基于低功耗广域网络的应用非常成熟。这一阶段的特点是供给方主动性开始下降（因为网络基础设施建设已经完善），更多地是需求驱动，低功耗广域网络的产业生态系统已比较完善，各环节竞争充分。

就目前来看，低功耗广域网络产业仍处于第一阶段的中期，赋能的供给方是这一产业推进的主力，这一阶段是对供给方产品和服务的考验时期，芯片、网络、设备及端到端应用中的各类问题需要花费大量的精力去一一解决，示范应用是近一年中主要的工作内容。即使芯片出货量达到千万级别，但对于十多亿的目标连接数来说，可以说是初级阶段，还远远达不到规模化应用。因此，我们目前不要奢望什么爆发性增长，所有的繁荣只是供给方默默地承担着苦活、累活撑起来的。

6.2 供给侧的主要力量

第四章对大部分主流运营商做了介绍，作为供给方代表之一的运营商就不在这里多提了，这里主要聚焦于芯片、模组、设备等环节的供给方代表。

6.2.1 低功耗广域网络芯片供应商

在低功耗广域网络产业链中，位于底层的芯片和模组出货量决定了终端连接规模。目前，中国已成为低功耗广域网络产业发展最快的市场，这方面的芯片和模组企业在市场上非常活跃。其中，已经在国内有开始发力的蜂窝物联网技术NB-IoT/eMTC的相关企业和主要产品如表6.1所示。

表6.1 NB-IoT/eMTC主要芯片厂商和产品

公司	产品型号	特征
华为	Boudica 120 Boudica 150	NB-IoT单模
美国高通	MDM9206	NB-IoT/eMTC/GSM多模
联发科	MT2625	NB-IoT单模，支持R14
中兴微电子	RoseFinch7100	NB-IoT单模
锐迪科	RDA8909 RDA8910	GSM/NB-IoT双模 NB-IoT/eMTC/GSM多模

而对于 LoRa 芯片来说，供应厂商只有 Semtech 一家，但整个产业链相对完善，国内外企业在中国也开展了广泛的布局。由于 Semtech 在 LoRa 产业链中具有特殊作用，笔者收集了较多资料，对其进行了大篇幅的描述，在下一节里会专门介绍。

华为海思 NB-IoT 产品介绍

华为海思曾于 2016 年第四季度推出全球首款 NB-IoT 芯片样片 Boudica 120 ES，这是一款高度集成的 SoC；2017 年第一季度，推出符合 3GPP R13 标准的 NB-IoT 芯片 Boudica 120 CS，搭载华为 Lite OS 物联网操作系统，它是 BB+RF+PMU+AP+Memory 集成的 SoC；预计 2017 年第四季度推出新一代 Boudica 150 芯片，支持 Boudica 120 的全部特性，并支持 3GPP R14 版本，规划将基于 OTDOA 的定位支持。

2017 年 5 月 15 日，华为表示由台积电代工的 NB-IoT 芯片（Boudica 系列）将在 6 月大规模发货，由 ublox、移远等合作伙伴提供 NB-IoT 商用模组。Boudica 120 计划月发货能力在百万片以上，Boudica 150 芯片预计 2017 年大规模发货。目前，华为公司已经与 40 多家合作伙伴、20 余种产业业态展开合作，到 2017 年年底将在全球范围内支持 30 个 NB-IoT 商用网络，加速促进 NB-IoT 技术在智能表计、共享单车、智慧家庭、水污染监测及车联网等领域的规模化商用。

美国高通的多模低功耗思路

在高通看来，物联网多模是趋势，NB-IoT 与 eMTC 这两项技术将相互补充，如果采用多模的方式，将会充分发挥两种技术的优势，弥补各方的不足。高通在低功耗广域网络领域推出的芯片是可以支持

eMTC/NB-IoT/GSM 的多模芯片 MDM9206。这款芯片凭借单一硬件就能实现对多模的支持，用户可以通过软件进行动态连接选择；同时这款芯片集成的射频可以支持 15 个 LTE 频段，基本覆盖了全球大部分区域。其优势就在于通过单个 SKU 解决了全球运营商及终端用户多样化的部署需求，具有高成本效益、快速商用、可通过 OTA 升级保障等优势，并且 MDM9206 还集成了 GPS、格纳洛斯、北斗及伽利略全球导航卫星定位服务，在不通过任何附加芯片或接收器的情况下，可以直接嵌入到该芯片中，实现了与高通的 4G 功能的充分整合。

在全球的芯片厂商中，高通无疑是 eMTC 产业生态最积极的推动者之一，MDM9206 这款芯片早在 2015 年 10 月就推出了，在此之后高通持续推动 eMTC 的商用测试。例如，2016 年 11 月，高通和爱立信就在中国移动实验室完成 R13 eMTC 的数据传输试验，同年年底在中国联通现网下爱立信完成了 eMTC 数据传输的外场试验。2017 年上海 MWC 期间，高通曾联合中国联通、爱立信发布了全球首例成功实现基于 eMTC VoLTE 功能的应用演示（见图 6.1），展示了火警报警触发面板及 GPS 急救追踪装置两个应用场景。

图 6.1　高通联合中国联通、爱立信发布的全球首例基于 eMTC VoLTE 功能的应用演示

经过高通的努力推动，采用 MDM9206 芯片的模组产品已比较丰富，Simcom、移远、中兴物联、美格智能、龙尚科技、上海移柯、有方科技、联想懂的通信、新华三、骐俊股份、宽翼通信、华域物联等厂商都推出了多模产品。除此之外，高通虽然身处产业链上游，且不会介入平台、终端、应用等环节，但对下游这些环节的支持力度非常大，在各种场合均为采用 MDM9206 芯片的终端、应用站台和展示，体现出高通走出手机产业链，对物联网产业商业模式的探索。在 2017 上海 MWC 展会上及后来多个大型论坛、会议期间，高通对外展示的均是这些终端和应用产品，包括美力高的追踪仪、鲁邦通的语音网关、迪纳公司的 OBD、深圳移动的移动对讲机、创高安防的家庭安全监控系统、达实智能的门禁系统、机智云的 HIVE 商用冷柜管理方案和充电桩服务平台、先锋电子的民用智能燃气表、久通物联的集装箱监控及前海金顺移动 POS 机等，如图 6.2 所示。

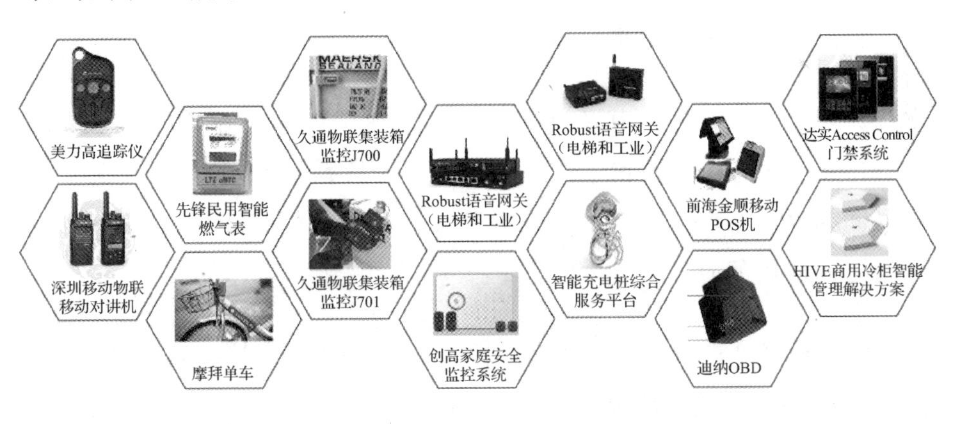

图 6.2　全球多模 Cat-M1/NB1/E-GPRS 解决方案（MDM9206）应用案例

在笔者看来，高通这种多种功能的集成并不是一个“大杂烩”，其思路是在底层提供一种弹性可扩展的能力。也就是说，MDM9206 这款芯片可以看作底层能力"平台"，所提供给用户的并非固定的功能，而是多种选择性，可以通过软件实现动态选择。当用户仅需少量功能时就只选相应的功能，对应的功耗、成本也比较低；当用户面对复杂环境时，可以选择更多的功能支持其开发，当然对应的功耗、成本也有所上升。相对于多个单模芯片的堆叠，高通的这一方案在降低芯片体积及综合成本方面具有很大优势。

若从短期来看，这一多模、集成化的芯片在初期比单模芯片成本要高一些。但是，若放在物联网应用的生命周期考虑，大量物联网终端和行业应用的周期都是数年甚至十年时间，在这个生命周期中，终端功能和应用需求会有一些动态性的变化，高通的多模、弹性化的方案给用户的未来提供了更便捷的升级选择，所以分摊到终端和应用的生命周期运营中，实际上其成本并不见得太高。

其他厂商低功耗广域网络芯片介绍

中兴微电子产品：中兴微电子已公开的 NB-IoT 芯片计划推出的是 Wisefone7100，代号朱雀，内部集成了中天微系统的 CK802 芯片，发布时间为 2017 年 9 月，中兴微电子认为这时发布正好卡位 NB-IoT 从网络走向应用的时间窗口。

锐迪科产品：锐迪科 NB-IoT 芯片 RDA8909，支持 2G、NB-IoT 双模，RDA8909 符合 3GPP R13 NB-IoT 标准，还可以通过软件升级支持最新的 3GPP R14 标准。另一款支持 eMTC、NB-IoT 和 GPRS 的三模产品 RDA8910 也在准备中，预计将于 2018 年实现量产。

联发科产品：2017 年上海 MWC 展会上联发科技宣布推出首款

NB-IoT 系统单芯片 MT2625，并携手中国移动打造业界尺寸最小（16mm× 18mm）的 NB-IoT 通用模组。MT2625 支持 R14 版本，并集成 NB-IoT 调制解调数字信号处理器、射频天线及前端模拟基带，还集成 ARM Cortex-M 微控制器（MCU）、伪静态随机存储器（PSRAM）、闪存与电源管理单元（PMU）。

6.2.2　低功耗广域网络模组供应商

一直以来，物联网模组是促成各行业终端和应用迅速开发的中间件，低功耗广域网络也不例外。从第五章中对低功耗广域网络产业结构的探讨中，得知模组环节处于相对竞争的环境，目前国内已有十几家模组厂商进入这一领域。从 NB-IoT/eMTC 产品厂商来看，可以总结出如表 6.2 所示的在国内推出产品的厂商。

表 6.2　提供 NB-IoT/eMTC 模组的厂商

厂　　商	产品型号	对应芯片厂商
上海移远	BC95-B20/B8/B5/B28 BC96	华为 高通
芯讯通（Simcom）	SIM7000C	高通
上海移柯	L700	高通
龙尚	A9500	高通
中兴物联	ME3612	高通
有方科技	N20	高通
美格智能	SLM150	高通
骐俊物联	ML3500	高通
联想懂的	C1100	高通

续表

厂　　商	产品型号	对应芯片厂商
新华三	IM2209	高通
利尔达	LSD4NBN	华为
U-blox	SARA-R404M SARA-N201	高通 华为
广和通	Fibocom N510	英特尔

可以看出，采用高通方案的厂商占据绝大多数。不过，模组厂商的最终成功与否在于出货量，当前尚处于产业发展初期，出货量都不大，待整个产业快速发展，对模组需求爆发式增长时可以形成有效的竞争。

由于模组处于物联网产业链上游，在物联网商用开始阶段受益较早，因此大部分物联网模组企业都有较好的营收和利润，在过去的两年中，不少模组企业开始登陆 A 股。

以上主要是一些基于授权频谱技术的模组厂商的情况，而国内 LoRa 模组厂商的数量也比较多，产业集中度比 NB-IoT 低一些。

6.2.3　共享化的商业模式——TTN 和 CLAA

基于 LoRa 产业生态的扩展，加上开源软/硬件的发展，一些更低成本、共享的物联网部署方式出现了，一些组织开始探索商业模式，将那些自发性、分散化的应用逐渐化零为整，最后也可能形成与大型企业推进的全网覆盖网络类似的规模。其中最为典型的就是荷兰的 TTN（The Thing Network）组织了。

TTN是一个国际化的爱好者社区，致力于建设一个全球化的物联网数据网络。TTN搭建一个云端平台，任何一家下游用户或应用厂商部署自己的应用时，都可以购买LoRa网关，来搭建自己的网络，然后将该网关注册到TTN这一众筹平台上，由TTN提供通用性、兼容性的平台功能，该平台帮助应用厂商进行网络的运维，所有过程都可以使用开源开发板和软件。最后，随着接入TTN平台上的网关不断增多，TTN能够将大量网关连接在一起，形成一个全球化的LoRa网络，这个网络同时也是一个去中心化的网络。

为了加速这一过程，TTN自己为应用者和开发者推出了廉价的LoRa网关、开发板和测试终端节点，实现开箱即用。在很短时间内，该平台吸引了大量的应用厂商，快速在阿姆斯特丹、剑桥等地实现覆盖，全球已有上千个网关注册运行，西安也有相应LoRa网关连接至TTN平台上。

在国内，中兴通讯发起的中国LoRa应用联盟（CLAA）也以应用为导向，在有应用的场景中部署网关，网关连接至统一的云化核心网，进行专业化的远程运维，让所有的应用厂商只需专注于自身业务，无须关心自身并不擅长的通信网络运维。通过这样的形式，分散在全国各地的形形色色的物联网应用就拥有了标准化和兼容的LoRa网络。网络容量有剩余的应用厂商还可以将其网络能力共享给其他应用厂商，从而减少重复建设。

大多数行业的应用客户对通信网络的运营并不专业，部署物联网后，更多复杂的维护工作应该交由专业团队来完成。而当前网络的云化趋势、软件和算法的成熟，让云端维护成为可能，云化核心网正是完成这一任务的保障。可以说，CLAA 通过提供标准化网关和云化核心网，把大量分散的小型运营商资源整合在一起，形成规模化的网络运营能力，同时保证各应用厂商独立运营的权限。正如 CLAA 秘书长刘建业所说：“各用户是实际的运营商，CLAA 是一个纽带，通过规范和云端的运作来支撑无数小的运营商，并使其形成一个整体。”

无论是 TTN 还是 CLAA，都将下游的应用作为主角，两个平台所提供的主要是对通用的网络通信设备的管理和运维，不干涉具体应用的部署。虽然各行各业的应用千奇百怪，且由各具体应用厂商自发性开展，但通过这些平台的机制，在很大程度上使分散化的应用产生联系，在保持具体应用特色的情况下，聚零为整，让各类应用厂商所拥有的网络资源形成全国性甚至全球性可共享、管控、运维的一个大网。这正是一种自下而上的推进模式。

6.3 几个典型的供给方代表

整个低功耗广域网络的供给方数量众多，除了一些传统的巨头外，一些新崛起的力量值得我们关注和研究，故笔者选取了在这场物联网革命中迅速崛起的几家企业，它们都是在这个变革时代抓住机遇的幸运儿。当然，物联网还在商用启动的初期，未来的路比较长，这些新崛起的力量能否笑到最后并成为这个领域的巨头，值得我们期待。

6.3.1 逆袭的事实标准推动者：Semtech

提起 LoRa，就不得不提 Semtech 这家公司。作为低功耗广域网络供给方的一个典型代表，Semtech 是美国一家提供高质量模拟和混合信号半导体产品的企业，产品包括电源管理、安全保护、高级通信、人机界面、测试和检测及无线和传感产品等方面的 IC 产品。如果从纯粹的 IC 领域来看，Semtech 无论从规模还是从收入上，各方面都算不上是一家 IC 巨头。但是，如果从物联网的角度来看，Semtech 正在成为该领域中具有举足轻重作用的组织，或许能够借助物联网的发展成为该领域的真正巨头。

50 年的并购整合形成“小而美”的 IC 企业

物联网的从业者对 Semtech 的了解主要源于 LoRa，然而该公司的产品线比较丰富，LoRa 相关产品只是该公司所有产品线中的一类。Semtech 成立于 1960 年，一开始为军方提供高可靠的电源产品，1967 年上市，在过去的 50 年中，Semtech 通过一系列并购整合，逐渐形成了自身核心的四大产品线的业务。

① 信号完整性产品。

Semtech 设计、研发光通信、广播视频和背板数据时钟恢复产品。这些产品广泛应用于企业计算、工业、通信和高端消费者领域。多种光通信收发器、多通道背板数据时钟恢复解决方案，从 100Mbps～100Gbps，支持各种关键的工业标准，而其广播视频针对下一代的视频格式、持续增长的数据速率和不断变化的I/O和距离要求提供差异化解决方案。

② 安全保护类产品。

Semtech 提供 TVS（瞬间电压抑制）产品，保护低电压电路不会受到因静电放电、雷击及其他破坏性瞬间电压所造成的损坏或锁定。这些保护类产品广泛应用于智能手机、LCD 电视、平板、电脑、基站、路由器和各类工业设备中。

③ 无线和传感类产品。

Semtech 提供专门的射频芯片和专用的传感产品，射频产品适合在ISM 频段上低成本、低功耗的环境中使用，大名鼎鼎的 LoRa 芯片产品就在这一产品线中。专用的传感产品包括触摸控制器、接近传感产品，这些产品可以广泛应用于移动终端等消费品中。

④ 电源管理和高可靠性产品。

这类产品线包括充电芯片、LED 驱动器、负载开关芯片、电压转换器及电力线载波器件等，而高可靠半导体分立器件可用于供电、基站、电机驱动器及医疗设备等。

依靠这四类产品线，Semtech 形成了其模拟和混合电路半导体厂商的定位。半导体产业从广义上可以分为模拟半导体器件和数字半导体器件两种，模拟器件产品是对“真实世界”的模拟信号（如温度、速度、声音、电流等）进行调节控制的器件，而混合信号器件则将模拟和数字两种功能融合在一个芯片上。模拟和混合信号半导体器件的市场与数字器件的市场差别较大，因为模拟和混合器件相对于数字器件来说其产业的一大特点是产品生命周期较长。另外，模拟半导体供应商的固定投资相对少一些，因为它们对最前沿的设备和制造工艺的依赖性小一些。不过，模拟和混合信号半导体最终产品更加多样化，不像数字半导体产品那么标准化。

Semtech 发展历程如图 6.3 所示。

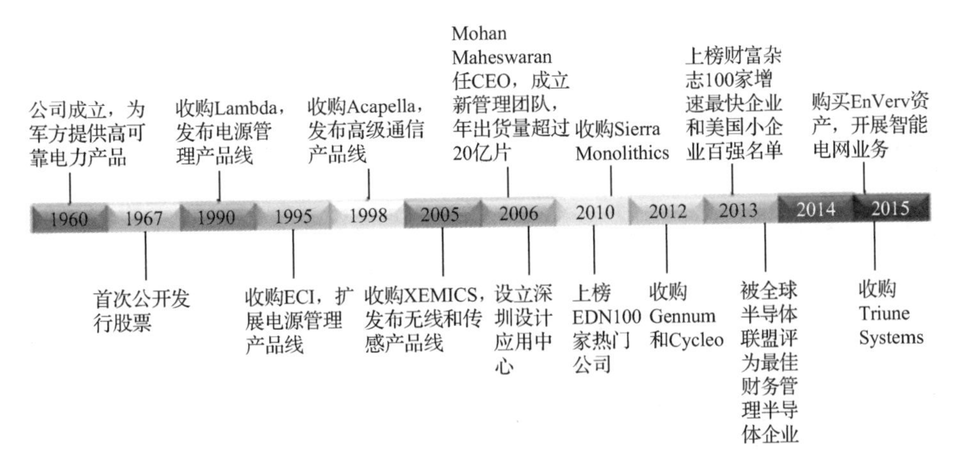

图 6.3　Semtech 发展历程

在这些产品线形成的过程中，Semtech 充分发挥并购整合的作用，如电源管理类产品线始于 1990 年对 Lambda 的并购，无线和感知类产品线始于 2005 年对 XEMICS 的并购。当然，在物联网方面的成名也源于其 2012 年的一次收购。而这些产品正在为全球各类计算、通信、高端消费品、工业等领域的客户提供支撑，其全球客户包括谷歌、思科、华为、LG、夏普、三星、中兴等公司。

贪婪的华尔街看好行情，股价翻倍上涨

在所有的半导体企业中，每年营业收入 5 亿美元、市值 24 亿美元的 Semtech 公司真的算不上非常突出和亮眼。在谷歌财经筛选的与 Semtech 同类型公司的比较中可以看出（见图 6.4），就规模而言，Semtech 并不占据任何优势。

	Company name	Mkt Cap▼
TXN	Texas Instruments...	81.72B
ADI	Analog Devices, Inc.	31.02B
MCHP	Microchip Technol...	20.45B
MXIM	Maxim Integrated ...	13.25B
ON	ON Semiconductor ...	7.27B
MSCC	Microsemi Corpora...	5.85B
LFUS	Littelfuse, Inc.	4.24B
SLAB	Silicon Laboratories	3.26B
MTSI	MACOM Tech. Solut...	2.94B
SMTC	**Semtech Corporation**	2.45B
IPHI	Inphi Corporation	1.64B

图 6.4　与 Semtech 同类公司的市值比较（来源：谷歌财经）

而观察 Semtech 近几年来股票的走势，可以看出，从 2015 年 9 月起股价从最低点不足 16 美元开始反弹，到目前基本在 35 美元以上，翻了一倍还多，图 6.5 是 Semtech 过去 3 年股价走势图。

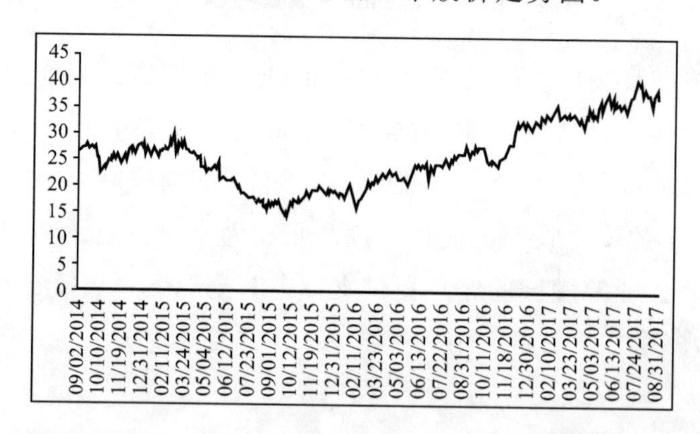

图 6.5　2014 年 9 月—2017 年 9 月 Semtech 股价走势（来源：雅虎财经）

实际上，在过去的几个财年中，Semtech 的整体营业收入并不理想，从 Semtech 的年报中可以看到（见图 6.6），2015 财年和 2016 财年总营业收入处于下滑状态，尤其是 2016 财年，韩国智能手机大客户的需求波动导致营业收入不足 5 亿美元，同比下滑了 12%。由于 Semtech 的财年一般是从上年度 2 月 1 日开始到本年度 1 月 31 日截止，因此 2016 财年的总营业收入反映的大部分是 2015 年的经营情况，因此从股价达到最低点的表现中也得到了反映。

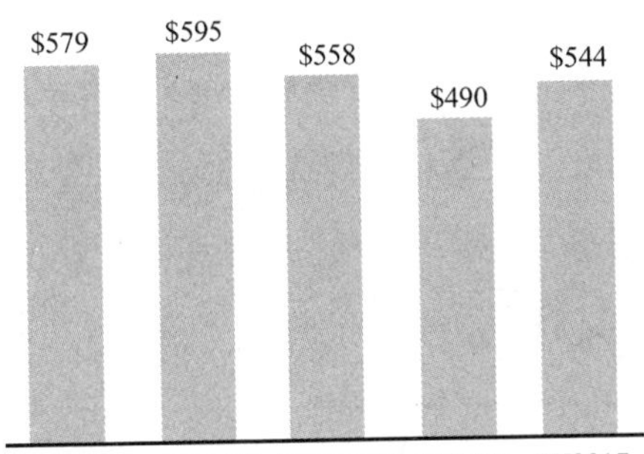

图 6.6　Semtech 近年来营业收入的情况（来源：Semtech 年报）

不过，2015 年 9 月后，Semtech 的股价开始持续攀升，虽然中间有一些短暂的下跌，但整体趋势是上涨的。一方面是因为 Semtech 的营业收入、利润等财务指标方面开始有了好转，其毛利率高达 60%左右；另一方面在业务经营上，面向未来的一些新的业务给华尔街更好的预期，从而带来了股价翻倍的表现。而 LoRa 的成功推广成为股价翻倍的一个重要助推器，Semtech 已不仅是一家模拟和混合电路半导体企业，也是一家新兴的物联网企业，而且在物联网市场上占据举足轻重的地位。

2017 年 8 月底，Semtech 发布了其最新的 2018 财年第二季度报告

（截至到2017年7月30日的数据），我们以产品线营业收入为主要项目，选取第二季度数据即2018财年半年度数据与上一财年同一时期数据做个比较，如表6.3所示。

表6.3 分产品线比较Semtech半年度和季度营业收入数据（单位：千美元）

产品线	季报数据				半年报数据			
	2017年7月30日		2016年7月31日		2017年7月30日		2016年7月31日	
	营收	份额	营收	份额	营收	份额	营收	份额
信号完整性产品	66 666	44%	63 313	47%	134 724	46%	133 195	50%
安全保护类产品	45 058	29%	36 476	27%	87 307	29%	68 046	25%
无线和传感类产品	33 221	22%	20 837	15%	61 231	21%	36 444	14%
电源管理和高可靠性产品	11 379	7%	15 285	11%	22 144	7%	29 166	11%

从表6.3中不难看出两个要点：

第一，Semtech最大收入来源是其包含光通信、广播视频等产品在内的信号完整性产品线，占其总营业收入的40%以上，不过其收入占公司总收入的比例处于非常明显的下滑趋势，且其营业收入的增速只有个位数。

第二，无线和传感类产品线增长迅速，无论是半年度还是季度，同比收入的增速都在60%以上，这个增速也保证其收入在总收入中的比例迅速上升了7%，成为Semtech所有产品线中增速最快的。实际上，这一产品线在2017财年中就开始表现抢眼。LoRa芯片正在无线和传感类产品线中，由于在过去一年多的时间里，随着全球LoRa网络的部署和应用的开发，这一低功耗广域网的产品需求量大幅增长，成为这一产品线的主要贡献者。

总体来看，从 Semtech 各项财务指标和各产品线的表现来看，维持其股价持续上涨的因素是对未来新业务的预期，与 LoRa 相关的产品代表了其在物联网领域的新业务领域，正在成为其新的增长点，这一新的增长点也源于该公司的一次成功收购行为。

拥有 LoRa IP，推动 LoRa 的生态，目标是全球事实标准

正如前文所述，Semtech 与 LoRa 的结缘始于 2012 年，这一年的 3 月 Semtech 宣布收购一家名为 Cycleo 的法国公司，开启了 Semtech 在物联网领域的新纪元。Cycleo 公司拥有长距离的半导体技术 IP（即我们所熟知的 LoRa 技术前身）并入 Semtech 的射频产品线平台。Semtech CEO Mohan Maheswaran 当时就对外宣称，Cycleo 的 IP 补足了 Semtech 的产品路线图，它和 Semtech 的高灵敏度、低功耗射频收发器技术的融合，能够形成创新性的技术和产品，在更长距离的应用中将大大降低基础设施投资的成本，尤其是在能源管控、安全、资产管理等领域的应用。

Semtech 对 Cycleo 的收购条款中，涉及总金额为 2100 万美元，不过并非一次性支付，收购协议达成后 Semtech 先一次性支付 500 万美元现金，后续 4 年中达到收入和运营利润目标，Cycleo 股东将获得剩余的 1600 万美元现金。

几年之后，Maheswaran 的期望成为现实，虽然我们无法获悉 Cycleo 的股东是否获得了剩余的 1600 万美元的现金，但 LoRa 在全球各地攻

城掠地已成为事实，在物联网加速发展尤其是低功耗广域网络成为最热门领域的背景下，也给 Semtech 带来了更多的关注，我们从 Semtech 股市的表现就可以看出这一趋势。

不过，在笔者看来，收购 Cycleo 并融入自己的产品线只是 Semtech 在物联网领域树立其地位的一个必要条件，并不是充分条件。毕竟在 2013 年前，已有大量基于非授权频谱的低功耗广域网络技术标准出现，包括法国明星创业公司的 Sigfox、拥有超豪华董事会团队的 Ingenu 推出的 RPMA、非营利性组织 Weightless SIG 推出的标准、M2COMM 公司推出的 Platanus 及 Telensa 等。那个时间点上这些技术均处于同一起跑线上，为什么 LoRa 能够在这么多相似技术中脱颖而出？其充分条件是 Semtech 的后续运营策略。其中最为重要的就是生态化运营的路径，成为 LoRa 领先于其他技术商用部署的最重要的原因。

如前文所述，2015 年 3 月在巴塞罗那召开的世界移动通信大会（MWC）上，Semtech 联合 Actility、思科、IBM 等厂商发起成立了 LoRa 联盟，联盟的一个重要使命就是推动 LoRaWAN 规范在全球的普及。众所周知，LoRa 是一种线性扩频调频技术，其作为一种私有技术核心由 Semtech 所有。而 LoRaWAN 则定义了使用 LoRa 技术的端到端标准规范以及网络的系统架构，是一个开放性的标准规范，Actility、思科、IBM、Semtech 等很多厂商的技术专家都是 LoRaWAN 规范的参与者。这样，以产业生态方式进行公开标准规范的推广，进而圈占全球的潜在市场，但同时又保证了 Semtech 私有技术和产品的商业利益。

LoRa 联盟不负众望，成为运作最为成功的物联网联盟之一，目前已有 500 家以上的成员。更为重要的是，LoRa 联盟推出的 LoRaWAN 这一开放性的规范得到了全球大量国家厂商的支持，包括 SK、Orange、软银、TATA 等主流运营商和阿里巴巴、中兴、康卡斯特等行业巨头，从而在短短两年里形成一股强大的力量，成为非授权频段低功耗广域网络技术最具影响力的力量。目前，除了这些主流运营商采用 LoRaWAN 建设部署运营商级网络外，更有全球各国大量行业级和企业级网络，它们或者采用 LoRaWAN 规范、或者基于此采用自有的规范，但都对 LoRa 收发器芯片有需求。

依靠这一产业生态的运作，LoRa 网络在全球部署后，终端通信仍需要具有线性扩频调频能力的 LoRa 芯片的支持，因而对 LoRa 芯片产品产生了强烈需求，从而带动 Semtech 这一产品线的增长。笔者与多个业内专家和从业者交流过，他们认为 2017 年度 LoRa 芯片的出货量可以达到千万量级。现在只是低功耗广域网络商用的初期，从目前 LoRa 技术在全球商用的进展来看，未来几年中物联网终端对 LoRa 芯片的需求会呈爆发式增长。

此时，Semtech 不再仅靠自身力量进行射频芯片的销售，而是借助产业生态力量，客观上全球加入 LoRa 产业生态的大量企业都在一定程度上帮其推广。可以预计，这方面的成功运作也是华尔街的投资者对物联网和 LoRa 未来前景预期看好的重要原因，从而带来其股价的持续增长。

当然，除了已有的 LoRa 和其他射频产品外，Semtech 也在努力探索更广泛的物联网业务领域。2015 年 1 月 13 日，Semtech 完成了对 EnVerv 公司的收购，该公司的主要业务是开发智能电网和电力线载波产品。Semtech 认为，通过这次收购，可以补齐其表计和物联网市场业务，期望 EnVerv 的电力线载波平台和已有的 LoRa 设备、无线射频技术平台结合，在能源管理、智能电网和家庭网关市场上形成互补和高度差异化优势。但是，目前所能看到的已在物联网产业中建立话语权的仍然是 LoRa。

一年多前，笔者曾专访过 Semtech 的 CEO Mohan Maheswaran 先生，Maheswaran 先生表示，在未来三年中 LoRa 将成为物联网领域的事实标准。而 Semtech 以推进产业生态的做法，化平凡为神奇，让 LoRa 在各类技术中脱颖而出，正在成为最具竞争力的物联网全球事实标准之一。

6.3.2 另一个法国物联网新星 Actility

随着 LoRa 在全球攻城掠地，法国创业企业 Actility 常常在各国部署 LoRaWAN 网络时一起出现，专门为相应国家的 LoRaWAN 网络提供平台服务。目前，Actility 已经作为核心合作伙伴，在欧洲、美国、日本等国运营商部署 LoRaWAN 网络时提供核心网、设备管理平台服务，成为又一家低功耗广域网络领域的明星创业公司。举例来说，美国的 Comcast、日本软银等运营商部署 LoRaWAN 网络时都由 Actility 提供平台支持。

又一家获产业资本青睐的明星创业公司

Actility 公司由电信技术专家 Olivier Hersent 于 2010 年创办，目前

已成长为远距离物联网应用领域网络解决方案和管理信息系统的领先提供商。2015 年 6 月，由瑞士风投公司 Ginko Ventures 引领的一轮投资为该公司注入 2500 万美元资金，主要投资方包括三家欧洲运营商 Orange、荷兰皇家电信集团 KPN 和瑞士电信 Swisscom，以及富士康科技集团。这一轮投资将加速 Actility 公司的开放标准物联网解决方案 ThingPark 的产业化进程，同时将助其建立高水平的服务体系并继续开拓技术合作关系以构筑健康的生态系统。

2017 年 4 月，Actility 又获得了新一轮 7500 万美元的融资，投资方包括私募股权公司 Creadev、工业巨头博世和卫星运营商 Inmarsat。

在获得融资的同时，Actility 也在对构建低功耗广域网络服务架构的公司进行收购，2017 年 5 月，Actility 宣布收购了地理位置系统厂商 Abeeway，通过将 Abeeway 的专利定位软件和创新产品与 Actility 的 ThingPark 平台的功能进行结合，来支持行业服务提供商和 IoT 解决方案供应商。这次收购是 Actility 获得 7500 万美元融资后的第一个后续行动。

构建低功耗广域网络平台服务矩阵

Actility 有一个统一的品牌 ThingPark，提供四类产品和服务，包括：①ThingPark Wireless，是建立在运营商级网络技术基础上的物联网网络服务，提供低功耗广域网络核心网管理和监测方案；②ThingPark OS，物联网运营和管理平台，提供传感器和应用连接管理服务；③ThingPark Market，B2B 电商平台，是物联网连接设备和应用的聚合分发平台；④ThingPark X，数据分析工具和框架。这四类产品和服务包括以下具体内容。

① ThingPark Wireless。

ThingPark Wireless 融合了一个低功耗广域网络核心网和一个运营支撑系统（OSS）。它可以管理设备、基站和应用之间的通信，可以给网络运营商提供监督和监测网络基础设施、管理连接计划及控制各种接入的服务。ThingPark Wireless 支持各种类型的网关，涵盖室外宏站、室内微站和超微基站等，支持运营商发布各类网络模型，以面向消费类和企业类用户。

ThingPark Wireless 还提供三个增值服务，包括基于网络的定位服务、在不同 LoRaWAN 运营商之间漫游和硬件安全密钥管理。

② ThingPark OS。

ThingPark OS 是一个设备管理和业务使能的综合性平台，包括运营商专用的运营支撑系统（OSS）工具，通过网络激活、服务协同和业务使能来管理在网的设备和网关。ThingPark OS 给用户一系列端到端的工具，用来管理运营和业务层，这些工具都通过 Web 用户图形界面应用展示。

③ ThingPark Market。

ThingPark Market 作为一个线上 B2B 电商平台，用户可以在上面快速找到需要的基于 LoRaWAN 的终端、设备和应用方案。

④ ThingPark X。

ThingPark X是为物联网网络运营商在数据和应用层创造价值的。这一平台提供一些应用使能的功能，包括数据管理、存储、算法及预测分析，有模型、机器学习引擎、自动化和实时控制算法等，可直接用于重要的物联网行业应用，如制造业、公用事业和农业等。

CHAPTER 7

需求广泛：低功耗广域网络的应用逐渐开启

在低功耗广域网络处于以供给方推动为主的第一阶段，一些典型的示范性应用逐渐浮出水面。一直跟踪这一产业的业界同人一定会脱口说出几个最常见的应用方向，包括智能抄表、智慧停车、智慧井盖、智慧路灯等，这些应用也是在近两年中各种展会、论坛最频繁亮相和探讨的内容。理论上来说，下游应用的需求方包括国民经济各行各业，只要是通过物联网能够提升效率、降低成本的企事业单位及家庭、个人，都是需求方。由于各行业发展水平、信息化程度及认识程度不同，不可能同步采用低功耗广域网络方案，很多时候还需要供给方去发掘和教育市场。不过，这一技术最终、最大的受益者也是下游应用厂商。

7.1 不仅仅是抄表停车，大量示范应用已经开启

虽然抄表、停车、井盖监测等应用是最为常见的示范，但若低功耗广域网络仅限于这几个领域，则整个产业的规模就显得太小了。实际上，经过近两年的探索，目前示范应用的数量已有数十个，分布在各行各业，带来了大量的机遇。不过，和物联网其他方案一样，低功耗广域网络也面对着海量的长尾需求方，需要不断地去满足各种碎片化的需求，这是产业面临的挑战。

7.1.1 机遇：数十种应用已孵化和落地

就 NB-IoT 而言，2017 年 9 月在无锡召开的世界物联网博览会上，工业和信息化部信息通信发展司司长闻库在发言中指出，在应用方面，多个城市积极开展了 NB-IoT 应用的规模试点，智能抄表、智慧路灯、智慧停车、共享单车等应用创新层出不穷，NB-IoT 典型应用已经超过 31 个。而作为 NB-IoT 发展推进速度较快的鹰潭，截至 2017 年 9 月，其孵化出的应用也超过 30 个。

而在华为发布的 NB-IoT 合作伙伴名单中，已发展了 20 个具有一定规模的 NB-IoT 应用，具体应用和全球合作伙伴见表 7.1。

表 7.1 华为 NB-IoT 应用和合作伙伴（来源：华为）

应　　用	合 作 伙 伴
智慧水表	汇中仪表（中国） Kamstrup（丹麦） 宁波水表（中国） 智润科技（中国） 三川股份（中国） VEOLIA（法国） 兴源仪表（中国）
智慧燃气	金卡股份（中国） Pietro Fiorentini（意大利） 威星智能（中国）
智能电网	华立仪表（中国） Janz（葡萄牙） Tatung（中国台湾） 威胜集团（中国） 钛比科技（中国） 银蕨电力（中国）
智慧停车	方格尔科技（中国） Infocomm（阿联酋） 创泰科技（中国） Q-Free（挪威） Smart Parking Systems（意大利）
智能工业	博世（德国）
智慧照明	山东中微光电子（中国） 泰华智慧（中国） 大云物联（中国） 大明节能（中国） 网新（中国） 飞利浦照明（荷兰）

续表

应　　用	合 作 伙 伴
资产跟踪	Accent Systems（西班牙） Ascent（新加坡） 中集智能（中国） 多协信息（中国） 歌联科技（中国）
宠物追踪	hereO（英国） 欧孚通信（中国）
智慧农业	EDYN（美国） MuRata（日本） Pessl（澳大利亚） 云洋数据（中国） Bewhere（加拿大）
智慧家电	美的（中国） 海尔（中国）
智慧医疗	乐心（中国）
智能监控	IRexnet（韩国）
自动售货	利尔达（中国）
电子制造服务	利尔达（中国） 汉威科技（中国） 宏电（中国）
报警传感器	博大光通（中国） 昊想智能（中国）
共享单车	ofo（中国）
电子支付	百富（中国）
NB-IoT 测试	利尔达（中国） 是德科技（美国）

从 7.1 表中可以看出，NB-IoT 应用示范已经在多个领域开展起来。从公开资料来看，已经形成规模化应用的示范主要集中在智能水表、共

享单车两个领域，因为这两个领域拥有批量、同质化终端，且在短时间内对批量终端进行改造的需求比较强烈。

举例来说，2017年的智慧水务就比较引人注目，3月份深圳水务集团与华为、中国电信共同发布了全球首个NB-IoT物联网智慧水务商用项目，成为NB-IoT规模化商用的一个典范；接着6月份福州智慧水务项目规模商用项目也启动了，该项目计划于2018年12月31日前完成全部30万台智能水表的更换，覆盖小区数量953个，项目区域每年节水收益预计达到4000万元以上。而对于创业投资领域最为热门的共享单车，积极拥抱低功耗广域网络也成为其一个亮点，典型的是ofo小黄车和中国电信、华为联手发布NB-IoT共享单车，目前市面上已经有采用NB-IoT的共享单车运行。作为非常典型的低功耗广域网络应用，将在后面的内容里详细解读。

而对于LoRa来说，由于其商用时间相对较早，在以上领域也都有落地案例，而且因为LoRa产业生态中有大量的中小企业和长尾用户的参与，加上方便的部署，让LoRa在大量小范围的应用更多，在接下来的内容中会介绍几个趣味性的应用案例，都是采用LoRa技术来实现的。

7.1.2 挑战：长尾需求的市场

虽然有数十个应用，但所面对的是碎片化的需求方，需求方呈现出明显的"长尾"特征。"长尾效应"作为网络经济中的一个典型特征给互联网、移动互联网产业的发展提供了一个较好的思考角度；物联网时代，由于物联网与国民经济各行各业的融合，让长尾效应更为明显。随着 NB-IoT、LoRa 等低功耗广域网络商用的落地，“长尾”部分的需求方正在不断地被拉伸，给海量多样化的终端带来实现智能化转型的机遇。

多样化的物联网世界，长尾效应更为凸显

科技行业从业者想必对“长尾效应”并不陌生，2004 年，硅谷知名杂志《连线》主编克里斯·安德森首次提出了“长尾理论”：从正态分布曲线中间的突起部分叫“头”，两边相对平缓的部分叫“尾”。从人们需求的角度来看，大多数的需求集中在头部，而分布在尾部的需求是个性化的、零散的、小量的需求，而这部分差异化的、少量的需求会在需求曲线上面形成一条长长的“尾巴”。

长尾效应在具有网络经济的产业中表现得更为突出，我们耳熟能详的案例包括谷歌为海量中小企业超低价格做广告、亚马逊大量非畅销书销量达到总收入的 50%等。无疑，物联网的网络经济的特征也是非常明显的，即整个网络的价值随着接入终端数量的增多而增加，那为什么说物联网产业中的长尾效应更为凸显呢？我们可以从终端和应用生态的角度来考察。

就终端角度来看，物联网的终端呈现出非常明显的多样化特征，形成大量个性化的“尾部”物联网终端形态。此前的移动互联网时代，移动互联网所面对的终端是批量化的手机、平板电脑，而物联网时代，我们无法找到如手机一样量级的终端。各行业的设备接入网络后成为“智能互联产品”，但各行业终端不一样，虽然由于一些行业的特征存在一些同质化终端，但和未来百亿级别的联网设备相比并不能称为大批量终端。虽然物联网/智能硬件这个长尾其实代表了不小的市场机会，看起来每一个领域数量并不大，但是这个长尾加到一起，总的市场容量、市场机会其实非常大。大致的长尾状态可以从图 7.1 略见一斑。

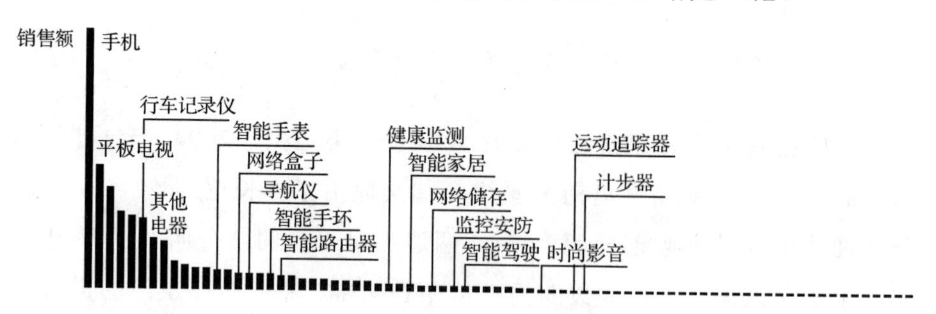

图 7.1 物联网的长尾市场

终端的多样化，形成了对物联网应用的多样化需求，是一种比移动互联网更加多样化的需求形态。在移动互联网发展中，人们在批量化的手机、平板终端上能够产生丰富的应用，形成非常典型的长尾形态；而物联网发展中终端多样化必将催生比移动互联网更为丰富的应用，也让长尾的应用部分更为丰富。

总结来说，由于接入网络的终端数量剧增和多样化，形成终端的长尾形态；运行在多样化终端上的应用更加丰富，进一步拉长了物联网应用的长尾部分。

连接更加碎片化的应用，低功耗广域网络拉伸长尾部分

当 NB-IoT、LoRa 等低功耗广域网络技术逐渐商用后，补齐了物联网通信层的短板，让设备接入更加便捷，带来的直接影响就是更加多样化的终端，让长尾部分进一步延伸。

为什么说低功耗广域网络让物联网长尾部分进一步延伸？低功耗广域网络商用后，解决了抄表、传感器连接等应用的数据传输问题，同时也让海量不起眼的设备有了接入网络的机会，如建筑中的灭火器、偏远地区气象监测设备、广袤森林的火警设备等，这些设备的量级并不大，但其产生的数据在人们生产生活、科学研究等活动中发挥着巨大作用。所以，从终端数量角度来看，当 NB-IoT、LoRa 网络部署后，能够实现网络接入的终端种类更多，但大部分终端的量级并不大，类型多样化和小量级的特点，促成物联网产业呈现比此前更长的“尾部”形态——“长尾”效应（见图 7.2）。

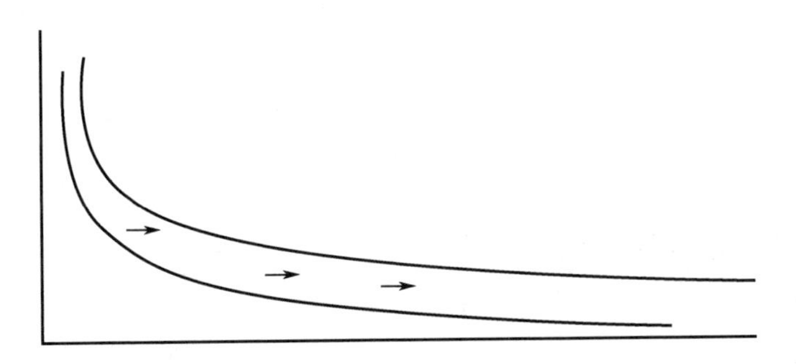

图 7.2　拉长的“长尾”效应

大量“微不足道”的终端接入网络，延伸终端的长尾部分带来了更加碎片化的应用形态，即海量种类但每一类量级并不大的终端上各自形成不同的应用。可以说，低功耗广域网络让更加碎片化的应用成为可能，让“长尾效应”更加明显。

“长尾效应”的存在、长尾部分的经营一直是人们所关注的重点之一。大部分的注意力都集中在“头部”，因为“头部”往往能带来一半的收益。实际上，目前供给方的巨头所推动的项目都是希望寻找“头部”

的一些行业应用，虽然物联网的“头部”与手机市场相比量级小了不少，但相对于“长尾”部分来说，短期内可以实现数十万甚至数百万个终端接入，可以带来批量化的价值。这也是目前NB-IoT的应用集中在抄表、共享单车的原因，而诸如家电、路灯等具有相对批量终端的领域，也是NB-IoT瞄准的市场。

不过，若能有效地整合“尾部”群体，则能获得另一半收益，且能避免激烈的竞争，这也许是一些中小企业、行业集成商需要去考虑的事情。另外，LoRa、RPMA、ZETA等非授权频段的技术可以发挥其灵活性的优势，在“尾部”用户群体中寻找机会，“聚零为整”，实现长尾经营。

7.2 探索用户的需求

物联网网络技术供应商一般包括公共网络供应商和专用网络供应商，下游需求方的各种特征形成对公网和专网的不同需求。正如前面所述，低功耗广域网络面对的是大量“长尾”需求，而界定这些“长尾”需求的一个典型指标就是单个用户所拥有的终端数量，因为终端数量代表着需求的规模。另外，当用户所拥有的终端分布范围不同时，所需要的网络服务商也不同，毕竟公网和专网的覆盖范围不同。不过，用户的决策往往是在成本收益基础上做出的，当用户面临成本收益的临界点时，这种需求模型或许开始反转。

7.2.1　关注用户需求模型

我们从需求方的角度出发，以用户拟应用低功耗广域网络方案的业务的分布范围和终端量级为纵轴和横轴，构建用户选择运营商的矩阵（见图 7.3）。

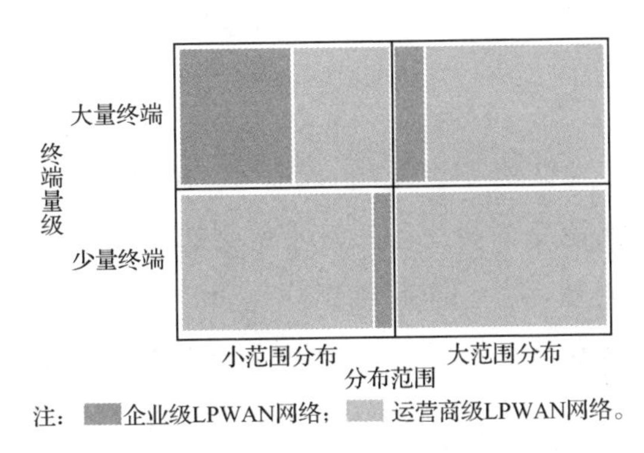

图 7.3　基于用户需求的低功耗广域网络模型

下面逐一对各类用户进行考察。

大范围分布且终端量级较少

此类用户一般只有少量的终端需要接入网络，但这些终端都分布在城市不同的角落或全国不同的地方。举例来说，对一些恶劣环境中特定数据的监测，如在容易发生山体滑坡的地方安装传感器监测数据，在很大的范围内只需少量的传感器即可。此时，专为这些少量的传感器部署企业级专用网络的成本太高，网络利用率也太低，而主流运营商部署的全网覆盖的 LPWAN 网络就成为最好选择。

小范围分布且终端量级较少

此类情况下，如果终端数量确实非常少，由于没法形成规模经济，大部分用户可能会选择运营商级网络，因为运营商级网络可以做到即插即用。不过，有些用户需要从整体上考虑成本收益，如果部署自有的企业级专用低功耗广域网络，虽然只有少量终端接入，但面向的是业务转型、核心资产管理、保密数据传输等应用，专用网络或许是最好的选择。

举例来说，某部队需要对靶场打靶数据进行监测和统计，来提升军事管理效率，虽然枪靶数量有限，但还是会选择在靶场部署一个小型专用的广域网络。当然，由于产业链充分竞争，目前部署小范围的企业级LPWAN网络的成本已大幅降低。所以这一类用户对于LPWAN网络的选择是运营商级网络占绝大多数，企业级网络只占很小的一部分。

大范围分布且终端量级较大

这样的用户群体较多，比较典型的是一些消费类产品、贸易型产品等，同一个企业的产品会出现在城市、全国甚至全球各地。当产品生产企业希望对自己出厂后的产品进行追踪和对产品生命周期管理时，对低功耗广域网络的需求就比较明显。

此时，全国覆盖甚至在全球多地有网络部署的运营商就成为用户的首选。我们看到，各城市街头大量的共享单车将成为低功耗广域网络最先落地的规模化应用领域，各类家电也在开始研发基于这一技术的产品，它们都会接入运营商级网络。

不过，对于一些虽然广泛分布，但在每个地方相对集中的终端类型，也有可能采用企业级低功耗广域网络。这种情况更多地出现在拥有全国甚至全球业务的跨国企业中，如在各地拥有仓储、码头货柜，自身也有实力在各地业务集中地建设企业级网络实力的企业。当然，此类用户相对来说较少，因此也只有少量用户会选择企业级网络。

小范围分布且终端量级较大

此类用户群体是企业级 LPWAN 网络的主要用户，当然运营商级网络也可以为其提供服务。举例来说，对于燃气、水务等城市公共事业企业来说，其所拥有的可接入终端数量很多，而且终端都相对集中分布，这时可以采用企业级网络对所有集中区域进行覆盖，这个网络的所有权也在自己的手里，保证了自己掌握所有业务和数据。类似的还有一些工业、物流、医疗等领域的资产管理。不过，用户也完全可以和全国性的运营商或城域网运营商合作，以虚拟专线的形式为其提供接入服务。

当然，终端的量级和分布的范围都是一个相对的概念，对于每一个用户都不一样，每一个用户都有一个临界点，在临界点以下是小范围和小规模，临界点以上是大范围和大规模。这个临界点则是用户对其收益成本等因素综合考察后的结果，未来无论是提供运营商级还是企业级的低功耗广域网络解决方案厂商，都需要将用户的临界点纳入考核范畴，为用户提供合适的网络接入方案。

7.2.2 需求方视角下的成本因素转变

用户规模和分布范围存在临界点，而用户的成本收益也存在临界点，这个临界点也成为用户需求模型中需要考虑的因素。在近两年低功耗广域网络发展过程中，我们看到更多探讨的成本因素是供给方芯片、模组的成本，而鲜有对需求方成本的探讨。实际上，若能突破需求方的成本壁垒，则会带来整个产业的规模化发展。从需求方来看，笔者认为有两个方面的成本视角需要转变。

从实施成本转向沉没成本视角

和其他物联网行业应用类似，在低功耗广域物联网的项目实施中，设备采购、安装、施工、平台上线、软件开发、测试等实施成本构成了用户投资的主要组成部分，这些一次性的固定投资额度比较大，让不少用户处于观望中。不过，在笔者看来，这个成本并不是构成 NB-IoT、LoRa 等低功耗广域网络进入用户行业应用的直接壁垒，担心这些固定成本成为负向的沉没成本才是行业应用落地的直接壁垒。

何谓沉没成本？诺贝尔经济学奖得主斯蒂格利茨曾用一个通俗的例子解释沉没成本：“假设现在你已经花 7 美元买了张电影票，你对这场电影是否值 7 美元表示怀疑。看了半小时后，你的最坏的怀疑应验了：看这场电影简直是场灾难。你应该离开电影院吗？在做这一决策时，你应该忽视这 7 美元。这 7 美元是沉没成本，不管是去是留，这钱你都已经花了。”

同样，对于一个 NB-IoT 或 LoRa 的行业应用来说，对沉没成本的担心使得其无法规模化地应用。以公用事业为例，水务、燃气厂商在 NB-IoT 的应用中就非常慎重，大规模应用的前提是 NB-IoT 网络覆盖、传输效果、服务质量等符合要求，主要看中的是其稳定、完善、成熟的网络服务，而并非最先进的技术水平。若能确保 NB-IoT 网络对水务、燃气智慧化转型的稳定支持，则所有的实施成本是用户本身就要承担的，不会形成巨大壁垒；然而，若在成熟之前大规模实施，对于水务、燃气不能实现预期的智慧化管理，则对用户形成了巨大的沉没成本，且这一实施过程是不可逆的。所以说，对沉没成本的顾虑是 NB-IoT、LoRa 落地的壁垒。

从实施成本的视角转向沉没成本的视角，芯片、模块、设备、网络运营等供给方需推动试点、示范应用，把大部分可能造成用户沉没成本的因素考虑进去，降低用户对沉没成本的顾虑是本阶段的重点。

从材料清单成本转向创新成本视角

当年在移动互联网的发展中，智能手机的价格是决定移动互联网发展速度的重要因素——千元以下智能机的大量出货对移动互联网的发展功不可没。同样，物联网终端成本确实是用户比较关心的部分，毕竟不少行业应用需要用户采购大量新的物联网终端设备。

在当前产业发展背景下，不少人对于低功耗广域网络终端仍然聚焦在芯片、模块的成本上，运营商也拿出了巨额的模块补贴费用，以期降低终端准入门槛。不过，对于一个新的技术应用，除了芯片、模块的成本外，传感器、电池等其他元器件的成本也随之有所改变。由传统的终端升级为智能互联终端，改变的不仅仅是增加了一个含有相关芯片的模组，还有大量其他组件的创新。以表计为例，采用 LoRa、GPRS 等具有远传功能的智能表的计价格远远高于传统表计加无线模组的成本。

对于终端成本的考察，不应仅仅局限于材料清单成本上，NB-IoT、LoRa 这些新的物联网通信技术问世后，各类终端有了接入网络的条件，相应地也带动其他部件的创新，所有这些创新在初期都会投入大量成本。当然，在这些智能终端应用于行业解决方案后，带来的人力成本节约、效率提升或商业模式的转型形成的收益完全可以超过这些创新的成本。创新成本已成为需求方成本的一部分，值得我们关注。

7.3 人人成为“运营商”：需求方是产业发展的最大受益者

低功耗广域网络所带来的价值有多大？对于供给方来说，可以通过一些方式预期到其所在领域的数量级，芯片、模组厂商根据出货量和单价来计算其价值，运营商根据未来的连接数量和资费计算带来的价值。不过，对于下游需求的用户来说，未来能够带来的价值并不仅仅是成本降低和收入增加，而在于一定程度上的商业变革。其中，由产品供应商转变为产品运营商就是一种典型的变革，也就是说，借助低功耗广域网络等物联网技术，使人人成为“运营商”成为可能，这是物联网给整个国民经济带来的核心价值之一。

7.3.1　产品“运营商”的价值

当一个厂商不再仅是将自身产品卖给用户，而是在基于产品的使用上不断提供各类附加服务时，这个厂商已经成为自身产品的“运营商”了，“运营商”在这里不再是电信运营商的概念，而是一个扩大化的范畴，即在其产品基础上不断产生新的服务内容和收入方式。这种新的“运营商”也依赖于物联网技术的采用，不少产生“运营商”的行业和企业是在NB-IoT/eMTC、LoRa等技术应用基础上形成的。这其中对产品生命周期的管理和精细化运维正是此类“运营商”的用武之地。

保证时刻“在线”的生命周期管理

产品生命周期管理早在20世纪60年代就由哈佛大学教授费农提出了，而且在过去的几十年中被全球各类大小企业实践过，从宏观上包括引入期、成长期、成熟期和衰退期，到具体产品的需求、规划、设计、生产、使用、维修、回收等过程都积累了大量经验，而且固化到企业的IT软件系统中，提升了企业产品管理效率。

不过，目前的产品生命周期管理存在一个问题，即在产品出厂后的管理并不是实时“在线”的管理，只可能在某一时点上才能获取产品信息，出厂后产品的后半生命周期中的管理并不一定有效，因而也无法基于产品产生更多的服务和收益模式。

举例来说，当家电卖给用户后，厂商只有用户购买时填写的个人信息，而家电在用户家中如何使用、核心零部件的消耗情况、设备转售、处置、回收、报废等信息对于厂商来说都是一个“黑箱”，这样的生命周期管理就无法实施，也谈不上对产品的运营了。虽然近年来不少家电嵌入了 WiFi 模块，在一定程度上能够追踪到设备信息，但这完全依赖于用户的使用习惯，大部分用户并不一定开启 WiFi 功能。

从 2017 年开始，家电厂商对 NB-IoT 的热情非常高，有观点认为 NB-IoT 的应用给家电最终用户带来的效果并不明显，而对于家电厂商的产品生命周期管理的影响则是显著的。因为无须外部供电和用户主动开启，NB-IoT 都能为家电厂商采集设备的信息，在保障用户隐私的前提下，家电在全生命周期中都时刻在线，家电厂商就可以基于此来探索“运营商”的模式。

精细化运维探索

诸如家电等产品是销售给最终用户，产权归用户所有，厂商受制于用户隐私，对产品运营的手段有时会受到一些限制。但是，在当前共享经济火热的背景下，不少共享经济运营商对共享的物品拥有完全产权，所以对其精细化运维就是合情合理也是必须而为之的。

尤其是在一些耐用品市场中，产品的数量在一定时间内总是会接近市场容量上限，此时产品运营方新的收益就来自于精细化运维了。例如，在目前宏观经济增速放缓、固定资产投资有限的情况下，工程机械行业的大型设备新增数量有限，设备厂商主要依靠新的运维方式，目前三一重工、徐工等厂商非常积极拥抱物联网就是一个例证。

精细化运维首要的就是对其资产能够进行有效追踪和管理。共享单车代表了共享经济的典型形态，目前不少城市的共享单车投放数量已经趋于饱和，城市管理部门也出台了限制新投放数量的措施。摩拜单车CEO王晓峰在2017年8月的一次公开活动中表示："大数据分析显示，北、上、广、深的共享单车数量已达供需平衡。下一步，共享单车将进入新赛道，精细化、智能化运营是重点，也是行业竞争的核心力量。"

摩拜、ofo等厂商积极采用NB-IoT/eMTC技术是精细化运维的一种表现，固定数量车辆的调度、交通规划及共享单车大数据带来的商业合作模式无不需要物联网技术来对出行数据进行采集。其中，基于位置的服务是精细化运营中的一个关键点，NB-IoT、LoRa在新的技术标准版本中都增加了定位的功能。

7.3.2　补齐产品"运营商"所需技术短板，提供最合适的支撑技术

NB-IoT各种铺天盖地的宣传让这个热词成了物联网的代名词，实际上NB-IoT并非无所不能，它和eMTC、LoRa、RPMA等技术所构成的低功耗广域网络群体只是补齐了物联网通信技术的短板。在未来的所有物联网连接技术中，采用低功耗广域网络连接的数量不足总连接数量的20%。不过，相比其他物联网连接技术群体，低功耗广域网络在支持产品"运营商"方面确实有其独特的优势。

与短距离通信技术相比，采用WiFi、蓝牙、ZigBee等技术的产品运营价值不如采用长距离技术产品。一方面，只有产品被广泛的用户使用且产品的相关信息容易被拥有者直接监测到才有运营的意义，当产品只是在一个很小范围内使用，还需要用户额外设置专门的网关才能

将数据传输至运营者手里，此时无疑形成一个壁垒；另一方面，正如前文所述，用户在使用采用短距离通信技术的设备时，并不一定会开启通信功能。

而与其他蜂窝网络相比，对海量设备的运营往往不需要高带宽和高频数据交互，而且连接成本也要足够低，低功耗广域网络在不少产品运营中就足够了。

总体来说，NB-IoT/eMTC、LoRa、RPMA这些技术作为合适的支撑产品运营技术，原因也在于其固有的低功耗、广覆盖、大连接、低成本等特点。当然，除了连接技术外，产品“运营商”的实现，还需要产业链其他技术的配合，如设备管理平台、应用开发平台、数据安全等，当然目前来看这些环节也趋于成熟。

7.3.3 个人也能成为“运营商”

当共享经济深入渗透到人们生活中，在信用体系和公用的共享平台成熟时，个人也能成为“运营商”，对自己拥有的物品进行生命周期管理和精细化运营。

此前，有人曾提起过个人车位的运营，当个人购买一个内置NB-IoT/eMTC模块的车位地磁或车位锁并安装在自己的车位上后，在一个公共管理平台上注册该设备，就可以根据自己的使用时间规划来对自己的车位进行运营，将该车位闲时共享给其他车主。这样的方式就像一些车主借助滴滴平台，以自己的车辆进行顺风车运营一样，只是车位运营借助了低功耗物联网的技术。

当然，个人成为“运营商”的前提是信用体系和公共的物联网服务平台成熟，因为个人不可能去自己搭建一个所谓的物联网平台，所以说拥有可运营资产的个人会成为一个个超轻量级的“运营商”。

7.4　生活中低功耗广域网络的典型应用

抄表、停车等应用常常出现在各类论坛、展会上，产业界已经耳熟能详了。不过，这些更多是和我们的生活间接地产生关系，更多是一些技术和方案架构的展示，人们或许并不能感受到其存在。而一些在我们生活中的案例，或者具有趣味性的案例往往让人们更容易有直观印象并形成影响用户的效果。本节中笔者就结合工作中所接触的信息，描述几个趣味性的案例。

7.4.1　共享单车智能锁中的秘密

共享单车无疑是近两年来资本和产业界最关注的一个新事物，而共享单车运营企业由于要对车辆进行管理而采用了不少技术手段，其中物联网就是最为核心的技术手段之一。共享单车的智能锁内部设有数据通信模块、卫星定位模块、开关锁模块、移动报警模块、用户交互模块及电源管理模块六大部分，通过在 MCU 运营的嵌入式软件系统，实现远程开锁、精确卫星定位、云端数据通信、低功耗电源管理等多种功能。

此前，共享单车的定位数据传输主要依赖2G网络，随着低功耗广域网络的发展，共享单车和NB-IoT/eMTC之间的故事越来越多，而在笔者看来，共享单车和低功耗广域网络的融合，并不仅限于解决共享单车数据传输的功耗和连接问题，而在更广泛的意义上为普通人群了解、普及物联网打开了一扇大门，在物联网产业中已形成了非常明显的示范效应。

树立典型：首个规模化的物联网示范应用现身

从物联网概念诞生开始，"碎片化"的特点就一直伴随着物联网从业者，芯片商、设备商、运营商往往面对着大量小范围的行业应用，最大限度地降低碎片化是从业者所期望的。产业界一致认为，一些规模化的示范应用项目的出现，可以带动不少具有规模化和统一需求的行业应用的加速实现。

共享单车的出现，尤其是安装了基于物联网技术智能锁之后，在单一行业呈现出规模化的连接。由于自行车移动性和广泛分布的特点，使用蜂窝网络是最佳的接入方式，再加上统一的物联网管理平台，从而形成一个大规模的物联网应用示范。以摩拜单车为例，截至2017年8月底，通过物联网技术连接到其管理平台上的车辆数超过700万，日骑行人次超过2500万。这700万的连接数具有统一的需求和统一的管理，而2500万人次的骑行则是出行领域的规模化应用，可带来海量数据。可以说，如此大规模的统一终端、统一需求和统一管理，在物联网领域形成的示范作用尚属首次。

在过去的十多年中，基于蜂窝网络的物联网连接虽已有一定的规模，如中国移动目前已有超过1.5亿的物联网连接数，但我们看到的都是大量用户分散化、长尾化的终端管理，并没有如摩拜单车一样超过数百万终端的规模化物联网终端管理和运营。

NB-IoT/eMTC等低功耗广域网络标准的商用，为规模化的接入带来了机遇。在过去的两年中，高通、爱立信、华为及三大运营商等巨头不遗余力地推进NB-IoT/eMTC在公用事业、智慧农业、智能家居等领域的商用试点，不过从推进路径来看，要想在这些领域中大规模、快速形成示范效应还需时日。而共享单车对网络低功耗、广覆盖的需求，在短短的一年多时间中，即成为低功耗广域网络技术提供方所青睐的典型应用，正如摩拜单车与高通、华为、爱立信、中国移动在NB-IoT/eMTC方面的积极合作，可以预计未来共享单车将成为低功耗广域网络落地速度最快的示范应用。

迭代验证：物联网赋能者和应用者相得益彰

一个规模化、统一的移动物联网示范应用的形成，也是技术供给和需求对其各方面经营进行双向验证的过程。NB-IoT/eMTC作为通信行业首次提供的专用于物与物连接的技术，在其商用初期需要通过一些规模化的应用来对其产业链各环节进行验证并实现迭代，而对此有需求的应用者也需要供给方对供给方提供的各种技术方案进行验证。

从芯片商、设备商和运营商这些提供NB-IoT/eMTC技术能力的“赋能者”来看，规模化的示范能带来其能力的迭代。我们看到过去的一年中，华为 NB-IoT 芯片已经过数次迭代，高通在充分调研的基础上推出 MDM9206 eMTC/NB-IoT/GSM 多模芯片，三大运营商通过场内场外测试或主要城市商用来完善、优化其 NB-IoT 网络。

共享单车已开始为这些“赋能者”提供验证平台。无论是摩拜单车与华为、四川移动推出 NB-IoT 900M 技术的共享单车，还是与高通、移动研究院启动 eMTC/NB-IoT/GSM 多模外场测试，都是实实在在的落地应用在运行，而单车在城市各个角落的测试和运营数据，则在很大程度上给运营商的 NB-IoT/eMTC 网络规划、部署、优化提供直接支持。

当然，除了技术方面验证之外，一些商业模式方面的内容也有可能得到验证。一直以来，通信行业企业对于物联网时代的商业模式并没有定论，打破传统巨头之间的游戏、实现产业生态的经营也没有经验，而通过如此大规模物联网应用示范的运作，对于其商用模式、产业生态的探索起到客观上的促进作用。

从需求方来看，一直以来，物联网应用者在用户体验和技术实现方面不断地追求均衡。共享单车需要给用户提供一个在精准定位、快速解锁、及时结算等方面较好的体验，而自身又要实现车锁低功耗运行、精细管理。在网络连接方面，目前共享单车更多地采用传统的 2G 蜂窝网络，虽然低功耗广域网络在功耗、穿透性等方面更具有优势，但是共享单车面对的是非常复杂的城市环境，很多时候单一的网络未必可以提供好的用户体验。

举例来说，在非实时性和低频度数据传输的要求下，NB-IoT 的低功耗特点可以发挥作用；而在对移动性和实时性有一定要求的场景下，

eMTC可以发挥作用；但在复杂环境下要求精准定位，则需要GPS、北斗的作用。我们看到，高通MDM9206作为eMTC/NB-IoT/GSM多模芯片，可以在复杂的环境下帮助选择合适的网络连接方案，而蜂窝网络和摩拜低功耗蓝牙解决方案还将被用在“智能推荐停车点”中，实现“亚米级”定位，助力摩拜单车精细化管理。可以说，摩拜单车也在充分利用各类可用的物联网技术来对其更好的用户体验进行验证。

从这个角度来看，共享单车携手低功耗广域网络形成的规模化应用，首次给物联网产业链供给者和需求者提供了大范围的双向验证机会。

亲身体验：让普通消费者大面积接触物联网

当大量的普通老百姓对物联网还是云里雾里的时候，摩拜单车等共享单车厂商已经将典型的物联网应用推到了人们生活中。物联网智库发布的《2016中国物联网产业全景图谱》报告中指出“当物联网技术融入到人们日常生产生活中后，人们才切实体会到它的存在，或许就不再纠结它的概念了”。目前，全国近百个城市的居民已用上了基于物联网技术的共享单车，可以说，这是普通消费者首次大面积亲身体验物联网技术，他们不会去质疑物联网的概念，却亲身体验到物联网带来的便利。

当然，共享单车带来的不仅是人们对自行车新的认识，当这一典型的物联网应用形成足够的规模后，它形成的是物联网对人们生活方式的革新。此前，摩拜单车宣布了“摩拜+”开放平台战略，其中最为突出的是与中国联通、招商银行、中国银联、百度地图等合作推出

“生活圈”，为人们在通信、出行、支付、健康、旅游等方面提供便利。在笔者看来，“生活圈”是在摩拜单车物联网技术基础上衍生出的更多人们生活的应用，在一定程度上可以看作物联网对人们生活方式的进一步改变。

7.4.2 “跑步鸡”准确计步的保障

还记得 2017 年 5 月份京东创始人刘强东晒出的“京东跑步鸡”（见图 7.4）扶贫项目吗？刘强东介绍说京东养的跑步鸡必须放养，并且每只鸡的脚上都有计步器监督，跑够一百万步以上的鸡，京东承诺以当地三倍的价格回购。

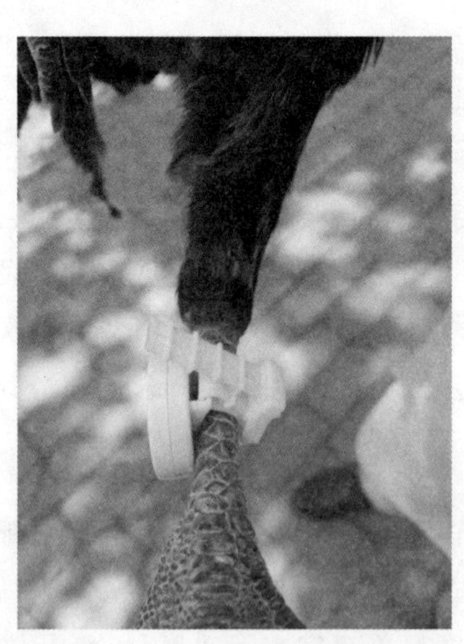

图 7.4 京东“跑步鸡”

京东“跑步鸡”生长周期为 160 天左右，体重为三四斤，相比之下，市面上肉鸡的养殖周期不超过 45 天。京东方面未来希望能够配置监控、报警、检测等一套智能系统，力求通过更少的人力实现“跑步鸡”项目的自动化发展。

每只“跑步鸡”腿上绑的计步器成为关键设备，因为它是判断这只鸡是否达标的主要依据。想及时知道每只鸡的步数，这些计步器的数据就需要及时上传至后台，则计步器中植入无线传输功能是必不可少的，而且需要一定的定位功能，否则还需要人工去验证每一个计步器。京东商城对“跑步鸡”的描述如图 7.5 所示。那么问题来了，计步器中该采用哪种无线传输的功能？

图 7.5　京东商城对“跑步鸡”的描述

采用 WiFi 的可能性不大，因为功耗太高，WiFi 设备无法做到在 160 天生长周期中持续使用，没电后频繁人工更换电池的成本太大；是蓝牙吗？京东“跑步鸡”是放在林地里散养的，10 亩林地放养 500～800 只，这么大的范围蓝牙无能为力。还是需要通过广域网络方案，而现有的蜂窝网络因为功耗高，也无法支撑 160 天的电池供电，所以猜测低功耗广域网络是最佳的连接方案。

“京东跑步鸡”项目可以说是对低功耗广域网络技术提供方提出的需求，仅仅解决计步器数据上传及确定散养鸡的大致位置的需求，在当前 NB-IoT 还未实现农村覆盖情况下，加上 NB-IoT 模组成本暂时居高不下，这一农业项目很难通过公网的解决方案实现。而通过一个 LoRa 专网的项目即可解决，数千元的网关，20 多元的 LoRa 模组让一次性投资成本并不高，加上可以按需部署，计步器可以重复使用，让物联网技术进入“京东跑步鸡”项目快速落地成为可能。

实际上，“京东跑步鸡”是由中兴物联提供的 LoRa 连接解决方案。“京东跑步鸡”作为基于 LoRa 企业级专网的应用案例，对于大量农牧业具有借鉴意义，如牛、羊监控等。

7.4.3 用物联网抓老鼠：基于 LoRa 的捕鼠夹

荷兰一家名为 Xignal 的公司，专门为全球各地农场、建筑内提供捕鼠夹，以防止农田庄稼及室内环境被老鼠践踏。

Xignal 物联网设备可以连续一周每天（24 小时）及时发现被抓的老鼠状态，监测老鼠的体温和移动，包括是否被夹死，然后通过 LoRa 网络发送至管理平台，管理平台会及时向主人手机或平板发送通知及报告（见图 7.6）。由于考虑到对环境的影响，投放鼠药在不少场所中是严格禁止的，Xignal 的一个好处是可以集中化监测分散放置的捕鼠夹。

图 7.6 Xignal 物联网设备的工作状况

Xignal 公司可提供基于 LoRa 物联网的软/硬件一系列解决方案，包括内嵌 LoRa 模组的捕鼠夹、捕兔夹，集成以太网和 4G 的 LoRa 网关，以及一个应用平台（见图 7.7）。Xignal 公司给用户提供不同的产品包，根据终端数量、用户数量、数据保存时间、数据报告等区分产品包的价格，最高达 360 欧元，可以赠送 200 个终端。

图 7.7 基于 LoRa 的 Xignal 捕鼠夹和网关

Xignal 公司的产品创新解决了不少痛点，在国外的一些农场和建筑内常常有老鼠出没，给人们生活和农业生产造成很大困扰。由于不少场所的范围非常广阔，若使用传统的捕鼠夹，需要在一个区域或建筑中投放多个设备，捕到老鼠后人们并不能及时获知，常常导致老鼠尸体腐烂污染环境；若要及时发现捕鼠夹的捕获情况，只能靠人工不断地巡查，这直接导致人力成本上升，而且不少农场地广人稀，捕鼠夹分散放置在农场中不一定能准确找到。而通过 LoRa 物联网方案的实施，能够及时了解捕鼠情况，而且准确获悉捕鼠夹的位置，可以快速进行处理。

CHAPTER 8

未来展望

8.1 先行试水，探索红利

8.1.1 物联网发展的试金石

从目前发展的态势看，全球运营商在低功耗广域网络的部署运营上已发生了明显的分化，NB-IoT、eMTC、LoRa均不乏主流运营商的身影。不过，在笔者看来，网络制式的选择是分化的态势，但它们对于运营商在物联网时代的意义是一致的，即都肩负着运营商物联网经营模式的初步探索重任。实际上，选择NB-IoT的运营商在为未来更多物联网业务进行试水，而选择eMTC和LoRa的运营商也同样为更多物联网业务试水，NB-IoT、eMTC、LoRa成为各自选择物联网业务的试金石。

全面的变革，需要大量探索

早前十多年前，运营商就开始为不少机器对机器（M2M）通信业务提供连接服务，这无疑是运营商物联网业务的最初形态，并逐渐发展成大量的行业应用。不过，这些业务运行在主要为手机通信提供服务的网络上，虽然从开始的手机号码发展为专用码号，并提供专网服务，但仍然没有改变原有蜂窝网络的特点，无法对海量物与物连接形成支撑。在笔者看来，对于提供全国甚至全球多个国家网络服务的运营商来说，面对物联网业务需要多方面的变革。

① 全新的物与物连接专用网络。

正如前面所说，现有蜂窝网络无法对海量物与物连接形成支撑。一方面，现有蜂窝网络是以人为导向的，网络建设、优化、维护需要更多地考虑人口密度、人员流动等特征；另一方面，个人用户对带宽、时延等方面往往是统一的高速、实时通信的需求，网络一般向着更高下行速率发展，对功耗往往并没有太多考虑。

而对于物联网来说，网络需要以物为导向，而纷繁复杂的业务和千差万别的需求也给网络建设带来了全新的挑战，因此网络的规划、建设、优化维护等工作与现有蜂窝网络差别很大。由于物联网涉及对海量设备的监测和管理，对网络的上行需求往往大于下行需求，而且各类场景对时延敏感度不同，需要区别对待，现有的蜂窝网络无法承载。所以说，物与物通信需要全新的专用网络。

早在 2016 年 11 月，华为曾发布了业界首套物联网建设方法论，以可靠性、带宽、覆盖、时延敏感度和能耗等明确量化指标帮助运营商快速建设物联网专用网络。整个产业链也在积极探索物联网专用网络的建设，目前火热的低功耗广域网络和 5G 正式对此亮明了态度。

② 全新的终端管理方式。

以往运营商对终端的管理一方面是对手机终端的定制、补贴、销售，另一方面是通过业务支撑系统（BOSS）对手机用户实现计费、账务、服务等。然而，面对物联网终端，原有的这些管理方式均需进行重大调整。

手机终端具有批量化和相对同质化的特征，面对的也是统一的需求，运营商可形成批量的终端出货，而物联网终端存在于各行各业，碎片化、个性化严重，无法直接对行业终端进行经营（一些能够上量的消费电子类终端除外），因此往往对物联网嵌入式模组进行经营。

在对终端的业务支撑方面，虽然仍然以 SIM 卡作为终端的重要标识，但未来物联网的 SIM 卡以 eSIM 或软 SIM 的形式存在，物联网连接需要更加灵活的管理平台，原有的手机连接管理平台并不适用。在这一背景下，目前已形成思科 Jasper、爱立信 DCP、沃达丰 GDSP 三大连接管理平台，为运营商提供全新的连接管理能力。

③ 全新的商业模式。

全新的商业模式是更为重要的。物联网虽然为运营商带来数倍于手机用户的连接数，但平均单个连接的收入是远远低于手机用户的，在投入不能大幅减少的情况下，运营商也在探索面对物联网的全新商业模式，包括为用户提供设备管理、应用使能的平台服务，对大数据的经营分析，甚至直接为用户提供整体解决方案。

相应地，对这些领域的探索，运营商内部的组织架构、人员构成等也在进行变革。很明显，全球各大运营商都已经在路上，如成立专门的物联网公司、培养 ICT 人才等。

物联网规模化的爆发毕竟还未到来，或许先从一个机会切入进行试水更为妥当，而低功耗广域网络正好给了运营商试水的机会。

试金石：运营商首次全面面向物与物连接经营的尝试

在以往的世界电信日前后，电信企业总喜欢搞一些“大新闻”，向专属于行业的这一节日“献礼”，2017年有不少物联网的声音：中国电信宣布建成全球首个覆盖最广的商用新一代物联网（NB-IoT）网络，中国联通宣布启动NB-IoT网络试商用并在上海市实现全城覆盖；远在大洋彼岸的美国第二大运营商AT&T也传出喜讯，推出了全国性LTE-M（eMTC）网络。

不过，我们看到的是，在这些专用于物联网网络建设的同时，也正在探索一整套新的业务模式，包括专用网络、终端管理、商业模式等所有内容。NB-IoT/eMTC/LoRa这些低功耗广域网络第一次给了运营商全面探索物联网经营的机会，也是运营商首次全面面向物与物连接经营的尝试。

在专用网络方面是无可置疑的，这些运营商在部署全新网络上不遗余力，除了已经建成的网络，其他互补的物联网专用网络也有明确的规划，如中国电信和中国联通在NB-IoT之外，也在积极部署eMTC，Sprint计划在2018年开始部署Cat M，随后再推出NB-IoT等。

在终端管理方面，运营商对于终端模块的政策逐渐明朗，如中国联通发起的NB-IoT终端产业联盟，更有中国电信推出了专门的数亿元的模块补贴政策；而专门的连接管理平台（CMP）已成为共识，对NB-IoT终端直接接入连接管理平台进行管理。

在商业模式方面，目前已经建成低功耗广域网络的运营商中，只有少量公开了其资费水平，如AT&T在宣布商用eMTC网络时即发布了其套餐计划，每个设备的月资费起步价为1.5美元，年度计划、多年期计划及更多设备数量还将获得更大的折扣。众所周知，NB-IoT的速率低于eMTC，以此推算，NB-IoT的资费可能会低至1美元以内的水平，这样的收入一定倒逼运营商向其他收入进行探索。低功耗广域网络的商用过程中，运营商将产业生态提升到前所未有的高度，依赖于产业链的合作伙伴，尤其是具有各行业落地、应用经验的合作伙伴，发展示范应用，以合作伙伴的应用来丰富其未来的设备管理、应用使能平台及数据分析能力。当然，未来能否形成成熟的模式，还在探索中。

在全球范围内，主流运营商选择NB-IoT、eMTC、LoRa不同的制式作为其基础网络技术进行商用，实际上是从全新的专用网络、终端管理、商业模式等方面对物联网经营的全方位初步试水，未来在物联网规模化到来时，运营商还会部署其他低功耗广域网络及5G网络进行物联网的经营，相信目前选择的这些试金石会为运营商积累非常宝贵的经验。

8.1.2 低功耗广域网络未来的“红利”

经济转型中总会出现一些广泛的新供给和新需求力量，这些供需力量成为经济增长的“红利”。物联网作为未来几年带来规模化增长的新兴产业，也伴随着新的供给和需求力量而带来的红利，而目前以NB-IoT/eMTC、LoRa为代表的低功耗广域网络也正在逐渐积聚相关的供给和需求的力量，来形成物联网产业的红利。不过，目前来看低功耗广域网络的供给力量相对充足，所形成的需求力量稍晚于供给力量，但不会太久即可成熟，为低功耗广域网络带来产业红利。

通信网络红利的参考

从 20 世纪 90 年代中期，中国的通信业经历了高速发展，从之前高昂的话费、不菲的入网费和身份代表的手机，到现在人人可以消费的智能终端、廉价网费，价格直线下降的同时通信业的收入却连年上升，这源自于过去 20 年行业中的典型红利，主要包括以下两个阶段。

① 人口红利。

通信业刚刚起步，给人们带来了便捷的联络方式，尤其是移动通信。在手机还远未普及时，人口数量基本上描绘了通信业广阔的市场想象空间。当一个国家或地区使用移动通信的人数比例很低时，潜在的人口红利巨大，短短的十年间中国就一跃成为世界通信大国，这正是人口红利的作用。目前，人口数量较多的发展中国家将是下一个红利市场。

② 流量红利。

进入智能手机时代，虽然拥有手机的用户数量已接近人口数量，但人们对流量的需求将被进一步激发，通信的内容将从语言文字向图片视频转移，流量带宽需求成倍增长，流量成为通信市场整体繁荣的保障。

不过，伴随着中国经济人口红利的消失，移动通信网络的人口红利也基本消失了，而近年来流量的增量不增收也使得运营商的流量红利逐渐下降，虽然有 4G 的普及和未来 5G 大带宽场景的推出，但流量红利可持续爆发式增加的可能性不大。华为在一项研究中总结，未来的红利在于如图 8.1 所示的另外两个阶段。

③ 数据红利。

除了消费者的人口和流量红利外，政企行业用户基于云技术、大数据等技术发展，从而形成带动物理世界各领域业务从线下向线上转移，甚至企业内部 IT 应用也将迁移到云上实现集中供应，面向企业的云服务及大数据等将成为提升收入的关键，这一阶段为数据红利阶段。

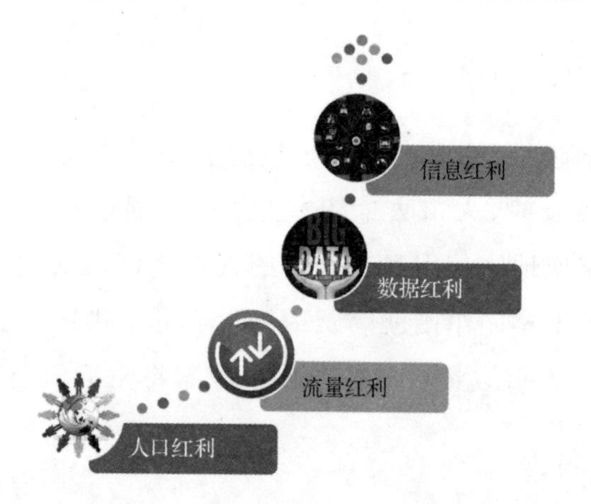

图 8.1 通信业红利的四个阶段

④ 信息红利。

未来将形成数百亿甚至千亿级的物联网连接，此时数字世界的版图将超越物理世界，各种新的可能将被发现，层出不穷的创新将带来无限的可能，信息红利将基于此产生。该阶段的关键在于构建良好的创新环境，使数字世界实现“生物式”自生长。

NB-IoT/eMTC、LoRa 等带来的红利路径

物联网开始商用，与人口红利关系不大，不过对于 VR/AR、视频

监控、车联网等需要高速率、大带宽通信的设备来说，依然会带来流量红利。而对于基于低带宽、低频通信的低功耗广域网络设备的通信来说，是无法带来流量红利的。不过，可以肯定的是，NB-IoT/eMTC、LoRa的商用会给整个产业首先带来“终端红利”，即原来没有更好连接手段的数十亿至百亿个设备成为互联终端，并带来整个产业链的发展，包括低功耗芯片、模块、通信设备、终端、软件等环节从无到有、从小到大的蜕变，此时终端数量的增长会带来物联网产业的经济增长和高市场预期。

当设备连接形成一定数量后，接入低功耗广域网络的终端已产生一定量的有效数据，此时设备的大数据也加入了数据红利的行列，形成丰富多彩的应用，开始凸显低功耗广域网络对产业和生活的改变。当然，最终的信息红利中也少不了低功耗广域网络的身影。

从这个意义上来说，低功耗广域网络将经历终端红利、数据红利和信息红利三个阶段（见图 8.2）。

图 8.2　低功耗广域网络带来的三个阶段红利

终端红利成为低功耗广域网络技术研发和商用初期直接带来的红利内容。在 NB-IoT、LoRa 刚进入人们视线中时，我们就开始熟知表计、停车地磁、井盖、路灯、资产追踪标签等终端可以采用这一连接方式接入网络，这些都是原有蜂窝网络及 WiFi、蓝牙等短距离物联网通信技术无法连接的终端，可以说其扩展了物联网终端的范畴，以此带来这些行业中连接的革命就是直接的“终端红利”。而类似水表连接采集的数据用于防止漏水、共享单车的骑行位置数据用于城市规划和改善商业行为等，就此开启了“数据红利”的大门，当然以目前低功耗广域网络的连接数和数据量还不能形成规模化的数据红利。而对于未来的信息红利，并不一定是数据红利结束之后才发生，而是已经在逐渐发挥作用。

低功耗广域网络的终端红利还未开启

既然NB-IoT/eMTC、LoRa等低功耗广域网络会经历终端红利、数据红利和信息红利三个阶段，那么，当前处于哪个阶段？在笔者看来，目前第一阶段“终端红利”还未正式开启，不过时间不会太久。

此前有一篇名为“互联网的下一波红利到底在哪里”的文章中提出：正常的市场红利，几乎肯定是因为一边有过剩的供给，而另一边有旺盛的需求。笔者认为这句话非常精确地概括出了红利启动的时期，我们可以借助这一观点来观察低功耗广域网络所处的红利阶段。从目前的市场来看，基本已经形成了过剩的供给，但旺盛的需求还没有完全形成。

正如第六章中所述，目前低功耗广域网络产业正处于供给推动强于需求拉动的第一阶段，该阶段的特征是供给方拿出大量的资源来推动产业的发展，需求方相对被动地接受。我们可以看到，在过去的几个月中，多家芯片厂商的产品已准备就绪，并宣称可以批量出货，模组厂商紧接着推出了十几款产品，已经形成了丰富的硬件基础；而运营商也非常积极，中国电信建成了全国性的NB-IoT网络，中国移动已经宣布有400多亿的巨额投资。不过，这些都是供给方的力量，和需求相比，供给方所提供的产品和服务已经形成一定的过剩能力，启动终端红利的供给方因素已经具备。

但是，启动终端红利的需求方因素还未完全具备，目前公认的低功耗广域网络连接数量规模最先起来的领域包括表计、共享单车、智能家电等，但更多地还处于测试和实验阶段。已有不少厂商宣布在 2017 年年底至 2018 年会实现数百万级的连接，但短期内还不能形成“旺盛”的需求。

笔者曾预计低功耗广域网络“供给推动强于需求拉动”的第一阶段是标准确定到网络大规模部署后的一年时间。从国内的情况来看，这一阶段基本上是 2016 年 6 月至 2018 年 6 月，根据目前各种公开资料显示，到 2018 年 6 月之前低功耗广域网络会形成一些规模化示范，一些成熟应用开始涌现。在此之后开始第二阶段，即供给推动和需求拉动共同发力，此时的需求开始旺盛起来，低功耗广域网络的终端红利在此时开始启动。

产业红利和产业红利的阶段是对一个新兴产业进行观察的重要指标，人口红利给曾经的通信技术带来了最直接的红利，开启了产业繁荣的 10 年；期待低功耗广域网络技术借助“物口”红利，开启新的繁荣。

8.2　政策支持力度空前，表明态度最重要

在这场物联网的盛宴中，中国政府相关主管部门也在努力推进这一产业的前进。早在 2017 年年初，工业和信息化部就出台了《信息通信

产业规划物联网分册（2016—2020)》，对NB-IoT的部署和应用出台了一些指导性建议。2017年6月16日，工业和信息化部针对NB-IoT的发展专门发布了红头文件（见图8.3)，可见其重视力度。这份文件在整个科技界掀起了波澜，对其大多数的解读为这是NB-IoT大规模建设和引爆物联网的重要举措。的确，政府主管部门发文支持是产业发展的利好，不过NB-IoT产业化是参与其中所有企业市场化行为的结果。展望未来，笔者认为文件发布的最大意义是明确了主管部门对该产业发展的态度，以及提供了产业发展的环境，而不是其中的细节和具体数字的内容，在此政策框架下，我们应更多地看到企业市场化行为的力量。

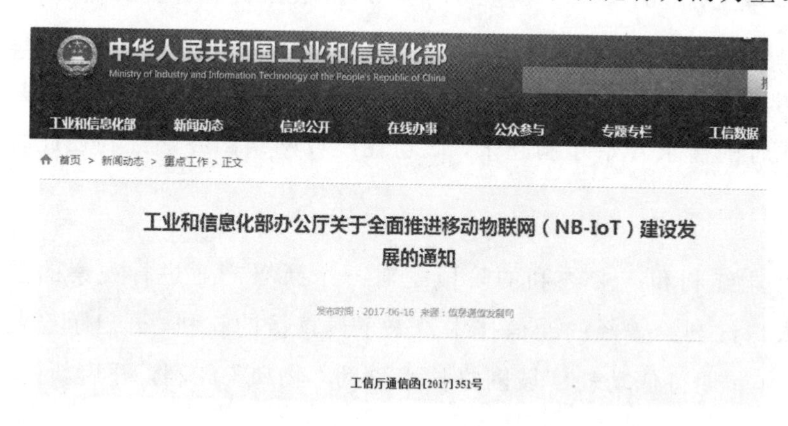

图8.3 工业和信息化部发布NB-IoT红头文件

8.2.1 莫将数字当成“圣旨”和任务，而是对产业发展的态度

当《工业和信息化部办公厅关于全面推进移动物联网（NB-IoT）建设发展的通知》（以下简称《通知》）发布后，对其解读最多的当属里面

所提到的几个数据：到 2017 年年末，我国 NB-IoT 基站规模达到 40 万个，NB-IoT 的连接总数超过 2000 万；到 2020 年，我国 NB-IoT 基站规模达到 150 万个，NB-IoT 的连接总数超过 6 亿。这种前所未有的规模化数字确实让参与者为之振奋，更有人针对这些数字提到“工信部下达任务”的说法。不过，也有人对这些数字提出质疑，如中国电信已完成 31 万 NB-IoT 基站建设，那么移动和联通今年只有 9 万基站的建设任务？NB-IoT 芯片从 4 月份开始每月可形成 100 万的出货量，到年底如何对 2000 万连接数形成支撑？

当然，在拟定《通知》期间，主管部门一定对相关企业做过专门调研，根据企业的发展计划来给出具体数字。不过，在《通知》中工业和信息化部不仅给出了发展目标的数字，还从产业体系、规模应用、政策环境等方面出台了 14 条举措，对该产业发展提供全方位支持。在笔者看来，这 14 条举措代表了主管部门对 NB-IoT 整个产业发展的一个明确态度，除了基站、连接数的目标数字外，其他方面也是异常重要的。我们没有必要对这些数字过度解读，企业的理性市场化行为最终形成的数字可能和《通知》中的数字会有很大出入。

将基站、连接数的目标数字解读为“工信部下达任务”的说法更不可取，若真是“下达任务”，是否有政府强制干预企业经营的“计划经济”特点？

当然，《通知》中的一些举措，本身也是政府自身的职能，包括频谱资源的管理、市场环境的引导等，是对自身职能定位和工作的要求，也是给产业界一个明确的支持态度。所以，《通知》中的数字目标和其他举措一样，不是“圣旨”和要求，而是表明了政府对该产业明确支持的态度。

8.2.2 更多关注企业的市场化行为

政府对产业发展表明态度，不是对市场行为进行干涉，而是构建一个公平的市场竞争环境，接下来的事情就交给市场化主体。近几年来，低功耗广域网络的发展一直是由企业市场化行为推动的，目前形成了多种低功耗广域网络技术共同开拓市场，形成大量初步的行业应用。工业和信息化部出台《通知》后，该领域推进的方向和节奏依然是通过企业竞争来实现的。

目前，由于NB-IoT得到行业巨头的支持，已形成比较完善的产业生态，市场规模预期也得到肯定，在产业发展初期，成本、商业模式、示范应用等问题也在逐步落实。有了《通知》明确的政策支持，NB-IoT产业肯定会实现加速发展，不过，各阶段的主要问题还要由参与企业通过市场化行为来解决，发展节奏也是企业自身决策的结果。

虽然工业和信息化部专门针对NB-IoT发布了支持政策，但并不代表主管机构不支持其他具有一定竞争性物联网技术的发展。实际上，经过这几年的推进，市场上对NB-IoT、LoRa和RPMA等其他低功耗广域网络技术的市场定位已有相对明确的认识，NB-IoT在运营商级网络市场、其他技术在企业级网络市场的发展方向已具雏形，这完全是市场选择的结果。笔者认为，在工业和信息化部对NB-IoT发布专门的通知后，市场会加速对各类低功耗广域网络技术的定位形成明晰路径，NB-IoT和其他非授权低功耗广域网络的互补性更为明显。因此，无论政府发布的是支持哪一类技术商用的政策，只要是良性竞争、用户理性选择的结果，政府就无须对此进行干预。

8.2.3 理性看待“看不见的手”和“看得见的手”

几百年来，关于政府“看得见的手”和市场“看不见的手”对经济发展的促进作用及如何配合一直存在着激烈争论，其中产业政策的有效性是争论焦点之一。去年中国经济学界还掀起了一场轰轰烈烈的“产业政策是否有效”的争论，两位代表性经济学家以各种方式“开战”。

在物联网的发展中，一直存在“希望政府强力推动”这样的一些观点，因此在本次针对NB-IoT的《通知》发布后，大量的观点将此作为产业大规模发展的“通行证”也不足为奇。这也从一个侧面反映了低功耗广域网络在市场化落地过程中碰到过不少壁垒，产业发展并非一帆风顺。不过，政府这只“看得见的手”更重要的职能是提供公共产品、构建公平竞争环境，而不是直接干预企业的经营管理，低功耗广域网络面对的是国民经济的各行各业，还应依赖市场这只“看不见的手”去调节各类参与者，在政策环境完善的情况下，形成规模化行业应用。

技术进步和市场发展往往有很多不可预见性，一些行业政策，尤其是非常细分的和细节性的内容，市场发展的结果往往会和预期产生很大的差距，因此对于政策的细节内容我们无须去纠结和过分追逐，而要看到产业发展方向、大势方面的政策态度。

还记得当年的《物联网“十二五”发展规划》吗？在物联网通信领域产业发展方面，规划中提出“推动近距离无线通信芯片与终端制造产业的发展，推动M2M终端、通信模块、网关等产品制造能力的提升，推动基于M2M等运营服务业发展，支持高带宽、大容量、超高速有线

/无线通信网络设备制造业与物联网应用的融合。”当然，“十二五”时期结束后这些领域得到了长足发展，但是，物联网通信领域进展最快、最为热门的领域是包括 NB-IoT 在内的低功耗广域网络，这是参与企业市场化选择的结果。

展望未来，产业界是时候回归理性了，不要将具体数字当作“圣旨”和任务，政府的支持只是表明对产业发展的态度，最终还要着眼于企业的市场化行为。

8.3 搜索引擎指数：强劲增长的低功耗广域网络

作为对本书最后的总结，笔者希望从大数据的角度来观察低功耗广域网络这一产业的发展前景。目前，搜索引擎是海量数据的一个代表，且客观反映了人们对某个关键词的态度，因此本节从搜索指数出发来展望产业未来。

从 2016 年 6 月 16 日 NB-IoT 核心协议冻结至今过去了一年多的时间，整个世界见证了物联网产业发展的“中国速度”，中国作为全球 NB-IoT 发展最快的国家再次得到证实，中国电信已建成全球最大的 NB-IoT 网络，中国移动数百亿级的招标将催生“宇宙”最大的物联网网络，LoRa 应用在国内也遍地开花。从 2015 年开始逐渐成为热门的低功耗广域网络（LPWAN），成了物联网落地商用的重要推手，也肩负起一部分各类研究机构预测的百亿级连接数的重任。在过去一年多的时间里，网络搜索在很大程度上反映了人们对低功耗广域网络的热情，以及低功耗广域网络对物联网的影响。

8.3.1　搜索引擎中的 NB-IoT 和物联网

当今的信息社会，一个产业的兴衰从网络搜索中能略见一斑。笔者本打算搜集关于全球各类低功耗广域网络的数据，但限于可用的网络资源，只能采集到百度的搜索数据，当然国内低功耗广域网络资讯也主要是通过百度搜索的，而且目前百度指数中仅公开收录了“NB-IoT”这一种低功耗广域网络技术的关键词。因此，就用 NB-IoT 的搜索指数来代替低功耗广域网络的搜索指数。同时，为了考察 NB-IoT 在物联网中产生的效应，也对物联网的相关指数进行研究。

百度指数中有“NB-IoT”这一关键词的数据是从 2016 年 6 月 12～6 月 18 日那一周开始的，整体走势如图 8.4 所示。可以看出，2016 年 6 月～7 月出现了一波 NB-IoT 搜索高峰，后面相对平缓，而从 2017 年 2 月开始，搜索指数明显高于 2016 年，而且 2017 年 6 月开始又创新高。总体来看，搜索指数的趋势是越来越高。

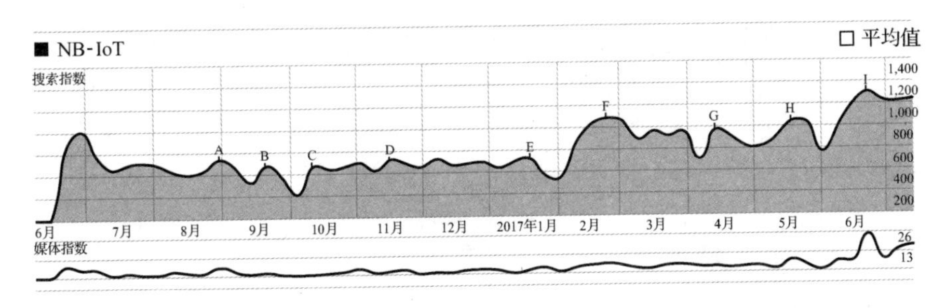

图 8.4　2016 年 6 月～2017 年 7 月 NB-IoT 搜索指数

而在相同的时间段里，“物联网”一词的搜索指数如图 8.5 所示。从图中可以看出，“物联网”一词的搜索指数呈现两头高、中间平缓的状态。当然，因为物联网作为一个更广的概念，搜索基数比较大，中间的一些小幅起伏在图中仅显示为平缓的趋势。

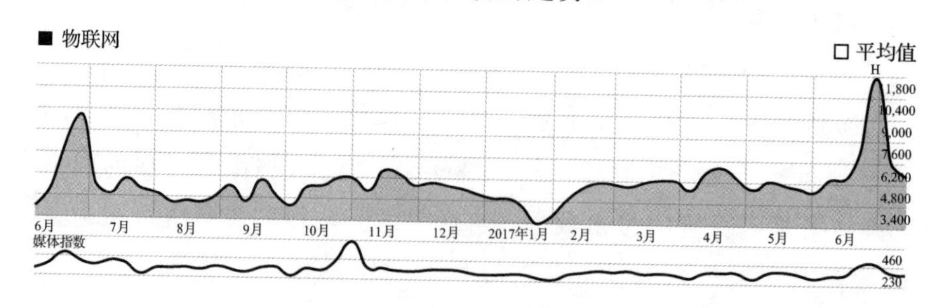

图 8.5　2016 年 6 月～2017 年 7 月物联网搜索指数

从这两幅图来看，NB-IoT 和物联网两者之间的关系并不是很明显，因为看不出两个关键词的搜索指数的走势有非常明显的同步关系。若将每周搜索指数的数据记录下来，将两个关键词的搜索指数在同一个图中展示出来，就形成了如图 8.6 所示的图形。

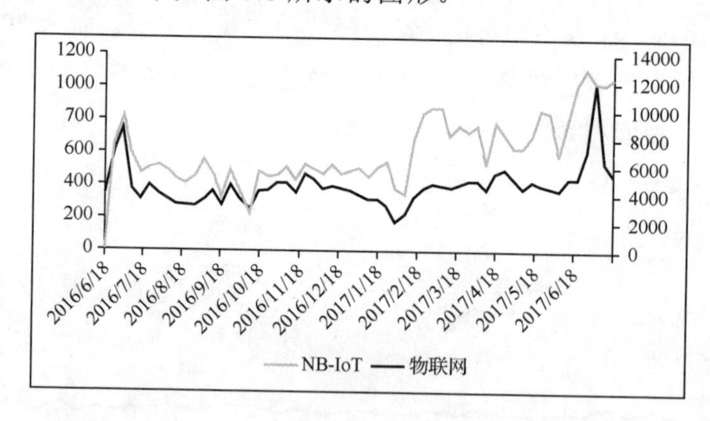

图 8.6　物联网和 NB-IoT 叠加后的搜索指数对比

这样看来，“NB-IoT”和“物联网”的搜索趋势的变化大部分时间是一致的，从一个侧面反映了国内NB-IoT产业化进展对物联网市场的影响，NB-IoT的一些重大事件能够引起产业界和相关领域的人们对物联网更进一步的关注。

8.3.2 搜索指数峰值与NB-IoT重大事件

更进一步分析，两个关键词搜索指数有几个峰值，是几次重大事件的典型反映，如图8.7所示。

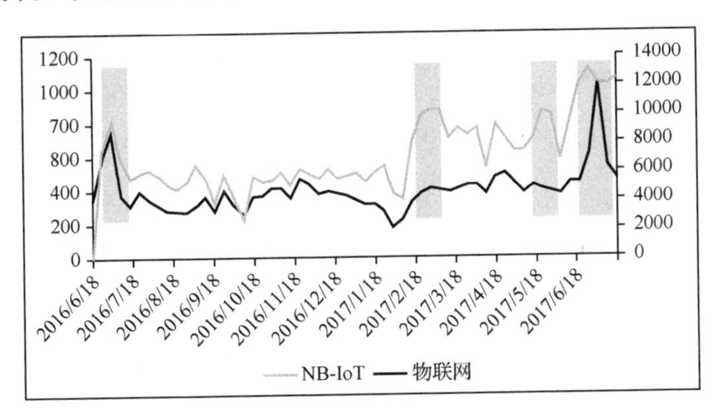

图8.7　两个关键词搜索指数的一些明显峰值

四个比较典型的峰值，背后都有和NB-IoT相关的重大事件，引起人们对其高度关注，从而形成热搜，总结如下。

- 2016年6月期间的峰值源于2016年6月16日NB-IoT核心协议冻结，NB-IoT成了那一个月中最热门的词汇，产业界、金融界都在热捧，大量对NB-IoT普及的文章、技术资料、投资报告出现了，进而也带动物联网搜索指数的大幅上升。

- 2017 年 2 月中下旬期间的峰值，源于中国移动和中国电信先后宣布在江西鹰潭建成全国首个全域覆盖的 NB-IoT 网络，这一事件无疑成为国内 NB-IoT 商用的里程碑事件，搜索指数上升也是理所当然的。

- 接下来的一次峰值出现在 2017 年 5 月中下旬，这源于中国电信在世界电信日（5 月 17 日）宣布完成了 31 万个 NB-IoT 基站建设，建成全球最大的 NB-IoT 网络，这一消息无疑吸引了全球物联网领域从业者的目光。

- 最近的一次峰值从 2017 年 6 月中旬开始延续至今，在这个时间段里，工业和信息化部先后发布了《关于全面推进移动物联网（NB-IoT）建设发展的通知》及 NB-IoT 系统频率使用要求，对 NB-IoT 产业发展表明了大力支持的态度；紧接着，中国电信发布全球首个 NB-IoT 资费套餐，加上网络的正式商用，让 NB-IoT 搜索指数再创新高，而"物联网"关键词也随着 NB-IoT 的热搜创下新高。

8.3.3 物联网中的主角，未来趋势仍是上升

从以上几节的分析可以看出，这一年中物联网受到高度关注，有相当一部分关注的目光源于对 NB-IoT 的关注。NB-IoT 作为物联网的核心关键词，应该比物联网整体搜索指数增长更快。由于百度搜索指数是关键词搜索频次的加权，我们把 NB-IoT 搜索指数和物联网搜索指数数据

以比例的形式呈现，发现 NB-IoT 与物联网关键词搜索指数对比是持续上升的。通过对数据进行趋势性预测的回归分析，形成一条趋势线（见图 8.8），很明显 NB-IoT 与物联网搜索指数相比，其趋势是一直上升的。可以看出，NB-IoT 正在成为物联网领域的一个主角。

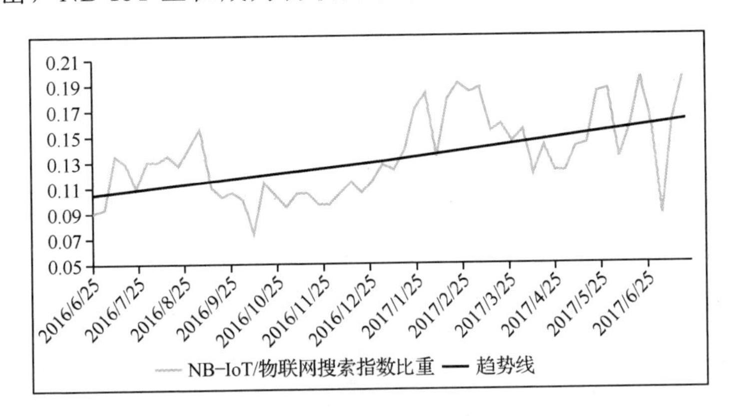

图 8.8 NB-IoT 搜索趋势

另外，从近期“IoT”搜索的需求图谱来看，NB-IoT 已成为其中强相关的最核心搜索的关键词（见图 8.9）。

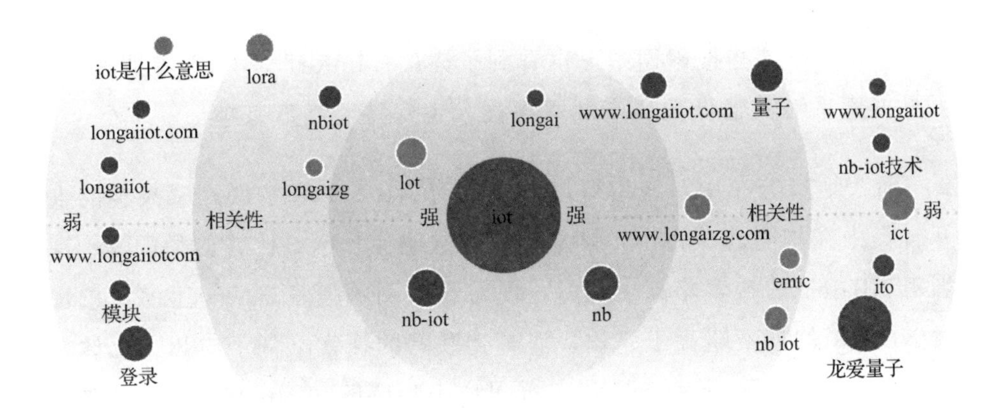

图 8.9 与 IoT 相关的关键词

当然，从搜索的来源词和去向词来看，NB-IoT 仍然是占据最大比例的来源和去向搜索关键词。如图 8.10 所示，剔除“longgai”之类非法词汇后，NB-IoT 在来源词和去向词中能够占到一半。

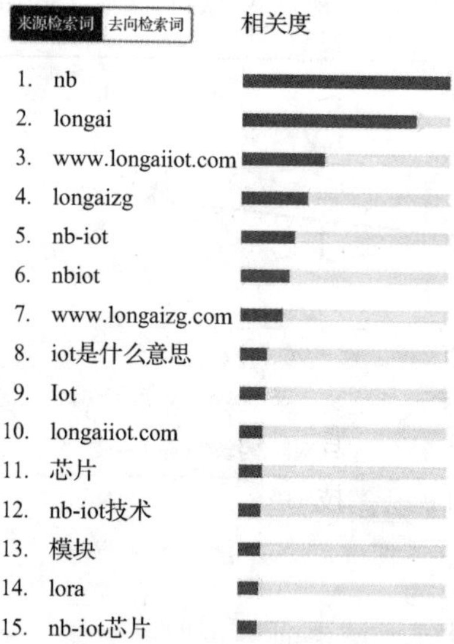

来源检索词 去向检索词 相关度

1. nb
2. longai
3. www.longaiiot.com
4. longaizg
5. nb-iot
6. nbiot
7. www.longaizg.com
8. iot是什么意思
9. Iot
10. longaiiot.com
11. 芯片
12. nb-iot技术
13. 模块
14. lora
15. nb-iot芯片

图 8.10 来源检索词

另外，在这些搜索词中，也看到了诸如“LoRa”、“Iot”等搜索词，可见搜索者对其他低功耗广域网络技术也保持着高度兴趣。

而在地域分布中，我们可以看到，对 NB-IoT 和物联网感兴趣的人基本集中在相同的城市中，只是搜索指数略有出入，比较典型的是：深圳对 NB-IoT 的搜索略高于上海，而对物联网的搜索略低于上海；杭州对 NB-IoT 的搜索略高于广州，而对物联网的搜索略低于广州。总体来说，北京、深圳、上海、广州、杭州位于物联网和 NB-IoT 搜索排名前五名，这和相应的城市物联网产业发展状况的关系比较密切。

在年龄段分布中，可以看出，对NB-IoT感兴趣的人更多集中在30～39岁之间，而对整个物联网感兴趣的则集中在30～49岁之间，相对于NB-IoT来说，年龄范围更宽泛，这是否从侧面说明了对于新技术研发、应用和执行的主力集中在30～39岁之间呢？

8.3.4　一些推测：包括LoRa在内的整体产业发展看涨

由于网络资源的限制，笔者仅以NB-IoT为主研究了搜索指数。不过，低功耗广域网络的其他技术在国内的应用速度也不慢，相信LoRa也可能形成如NB-IoT指数一样的趋势，但是热度可能低一些。因为NB-IoT的搜索热度是通过一些重大事件驱动的，如政府发布的政策、大型企业重要事项的发布、创业明星的品牌效应都可以形成搜索热度，LoRa缺乏这样的大型事件，不过作为主要的目标对象，人们也会将其作为搜索的知识点。

在国内，LoRa由于没有获得政府、运营商的支持，只能定位于行业、企业级的市场，而且还存在着极大的政策风险和不确定性，包括频谱、业务经营许可等。不过，随着物联网的发展，监管部门将会创造一个公平的市场竞争环境，不论是NB-IoT还是LoRa，均有其生长的土壤。目前，中国已形成全球最大的NB-IoT和LoRa阵营，未来全球物联网的发展看中国的。

反侵权盗版声明